家居设计参考
4000例

客厅装饰墙

戴 巍 吕丹娜 主编

辽宁科学技术出版社
·沈阳·

本书编委会

主　编：戴　巍　吕丹娜
副主编：王　璐　王玉堂
编　委：孙　迟　冼　宁　曹　水　王明善　潘　涛

投稿联系方式

王西萌 QQ：40747947　　　2433126980
于　倩 QQ：758517703　　　1711219373
许琳娜 QQ：1519952873　　　15099706451

办公电话：024-23284356

图书在版编目（CIP）数据

家居设计参考4000例．客厅装饰墙／戴巍，吕丹娜
主编．—沈阳：辽宁科学技术出版社，2013.4
　ISBN　978-7-5381-7812-8

　Ⅰ．①家…　Ⅱ．①戴…　②吕…　Ⅲ．①客厅—
装饰墙—室内装饰设计—图集　Ⅳ．① TU241-64

中国版本图书馆 CIP 数据核字（2012）第309949 号

出版发行：辽宁科学技术出版社
　　　　　（地址：沈阳市和平区十一纬路 29 号　邮编：110003）
印　刷　者：沈阳新华印刷厂
经　销　者：各地新华书店
幅面尺寸：215mm×285mm
印　　张：7
字　　数：200 千字
印　　数：1~4000
出版时间：2013年4月第1版
印刷时间：2013年4月第1次印刷
责任编辑：郭媛媛
封面设计：唐一文
版式设计：唐一文
责任校对：栗　勇

书　　　号：ISBN 978-7-5381-7812-8
定　　价：29.80 元（附赠光盘）

联系电话：024-23284356　13591655798
邮购热线：024-23284502
E-mail:purple6688@126.com
http://www.lnkj.com.cn

CONTENTS 目录

设计/欧高斌

客厅装饰墙材料的认知与选购

❖ 墙面漆"刷"出七彩王国

　　白色令人感到清爽、宁静，若客厅面积不大，以白色为主调的设计有扩大空间视觉面积的作用。当对客厅颜色选择举棋不定或者家庭成员之间不能取得一致意见时，那么建议选用白色。

　　褐色是象征大地的色彩，给人以亲和力和沉稳感，代表着保守和稳定，深褐色很少大面积使用，浅褐色则可以在稍大面积的空间使用，需要注意的是，面积较小的空要慎用，以免给人一种沉闷感、空间狭小感。

　　红色具有热情、奔放的含义，但居室的红色过多会让眼睛负担过重，使人产生头晕目眩及心理的烦躁感。建议局部使用红色，并搭配米色、白色，或者黑色、灰色，可以使人神清气爽，现代感、时尚感十足。

　　黄色可令人联想到能量、太阳、乐观、幸福、愉悦，黄色容易刺激

设计/张应龙

镶嵌银镜　　　　　　　　地砖　　手绘墙画

人的大脑和神经，提高人体免疫力，淡淡的黄色大面积地用于墙面可以让人感到愉悦和放松。

灰色代表中性，内外和谐及满足感，绅士、高雅。灰色通常备受年轻人的喜爱，常与黑色、白色和红色搭配在一起，表现出具"酷"时尚的现代感。

蓝色代表天空、海洋、稳定、信任，给人以和平、平静、和谐感，能在各种面积的空间使用，与白色或米色搭配最能凸显清爽宜人的室内环境，特别是应用在现在流行的地中海风格的室内设计中，有一种异国情调的浪漫。

米色给人以安逸、舒适、轻松的感觉，可以说它是除白色以外容纳力最强的一种色彩，与任何色彩都能搭配得十分和谐，将其用于客厅中可以让人有一种归属感，适用于任何面积的客厅中。

深蓝色让人想起夜晚的天空，深邃、沉稳、神秘。将其用于客厅墙面中可塑造出刚毅、个性感，面积小的客厅中不适合大面积地使用深蓝色，可与浅色系搭配使用，通过对比产生独特的个性。

设计/信雨彤

壁纸　　　　　　彩色乳胶漆

设计/高雅靖

条纹墙壁纸　　　　镶嵌镜面

设计/谢 亮

大白乳胶漆　　　　手绘墙画

设计/陈晓丹

肌理壁纸　　　　　玻化石

壁纸

石膏板收边

大理石

设计/任 伟

壁纸

石膏板

设计/郭从明

设计/创意空间装饰 宋富鑫

木纹饰面板　波纹板

设计/张应龙

镜面

石膏线

设计/郭从明

壁纸　　　密度板雕刻后上白漆

小贴士

通过瓷砖的转角处理，可以看出瓦工活的施工质量

　　瓷砖墙面砖阳角部分处理的好坏可以看出瓦工的水平。如果水平好的瓦工会选择磨45°角的做法。从效果上来看，只要磨得好，磨45°角的阳角做法效果是最好的。如果工人的水平确实不怎么样，也可以选择用阳角条吧，因为磨得不好的45°角做法还不如用阳角条的效果。

设计/钱祥斌

手绘墙画　　　实木造型隔断

设计/陈汉栅

木制书架漆白油　　玻璃卡纸装饰画　　壁纸

设计/江香宜

银镜　　　相框线　　　壁纸

设计/康　宁

木纹饰面板　　　内藏黄色灯带　　　　　　实木复合地板

设计/回剑波

壁纸　　　　　　　　　石膏板吊顶

设计/任　欢

化纤地毯　　　　　　银镜　　木饰面板

设计/杨荷英

大理石　　　　　　乳胶漆　　装饰板外刷白油

设计/唯居雅阁装饰　黄莹莹

玻化砖　　　化纤纱帘　　　　饰面板

设计/贾峰云

仿古砖　　　　　　白色乳胶漆

仿古砖　　　乳胶漆

镜面磨花　　　壁纸

米色壁纸　　　黑镜

大理石　　　皮革硬包　　　壁纸

❖ 装饰墙色彩搭配有讲究

◆ 室内配色十大定律

（1）空间配色不得超过三种（其中白色、黑色不算色）。

（2）金色、银金可以与任何颜色相配衬（金色不包括黄色，银色不包括灰白色）。

（3）在没有设计师指导的情况下，最佳家居配色灰度为：墙浅，地中，家具深。

（4）厨房不要使用暖色调（黄色色系除外）。

（5）打死也不要用深色的地砖。

（6）坚决不要把不同材质但色系相同的材料放在一起，否则，你会有一半的机会犯错。

（7）想营造明快现代的家居氛围，那么您就不要选用那些印有大花小花的东西（植物除外），尽量使用素色的设计。

（8）天花板的颜色必须浅于墙面或与墙同色。当墙面的颜色为深色时，天花板必须用浅色。天花板的色系只能是白色或是与墙面同色系。

（9）空间非封闭贯穿的，必须使用同一配色方案；不同的封闭空间，可以使用不同的配色方案。

（10）警告——本定律如果用于家居外，90%可能错误。

设计/王智杰

中式图案壁纸　　　　黑镜　　　　壁纸

小贴士

门套的安装需要木工和瓦工的通力协作

木工的包门套和瓦工的贴瓷砖也是需要配合的，包门套的时候，要考虑门套下面的地面是否还要贴瓷砖或者其他水泥砂浆找平的事情，因为门套如果在贴瓷片前钉好，一直包到地面，将来用水泥的时候，如果水泥和门套粘上了，就会导致门套木材吸水发霉。

设计/付佳兴

树脂壁纸　　　　白色混油饰面板

设计/付佳兴

密度板雕刻后上油漆　　　　壁纸

设计/安晓冬

装饰壁纸　　　车边灰镜　　　镜面磨花

设计/钱祥斌

彩色涂料　　　　波纹板

灰色涂料

玻化砖

设计/付佳兴

壁纸

艺术压花银镜

设计/蒋 聪

设计/付佳兴

纤维壁纸　　　　　黑色喷砂玻璃　　　　　密度板雕刻后上白漆　　　　　涂色乳胶漆

设计/齐 葵

石膏板造型　　　　　　　　复合地板

设计/陈国强

大白乳胶漆　　　　石膏板吊顶内藏发光带

设计/陈国强

壁纸　　　　木饰面板　　仿古砖

设计/兰海亮

大理石　　银镜　　　　　　装饰皮革硬包

设计/谢 亮

纤维地毯　　竹编挂饰　　　　瓷砖

设计/任 伟

地毯　　　　　　　　　壁纸

石膏板吊顶   壁纸   羊毛地毯

设计/陈国强

仿石材树脂装饰墙   地砖   深色乳胶漆   茶镜

设计/孙传财

❖ 教您选择客厅装饰墙的壁纸

◆ 选择环保的壁纸

　　壁纸需要粘贴施工，更容易对人的身体产生危害，因此不论何种类型的壁纸，挑选时首要关注的就是环保问题，PVC合成壁纸不建议用在家庭装修中，因为塑料壁纸更易污染环境，特别是那些闻着有刺鼻味道的壁纸，更是应该避而远之，同时，PVC合成壁纸的透气性能较差，贴上墙后极易翘边和发黄，在选购时，应尽量选择木浆壁纸、木纤维壁纸、天然织物壁纸。近年来还有一种液体壁纸，其施工简单，易修补，是墙面壁纸非常好的选择。

◆ 选择壁纸的花色

　　在选择壁纸的花色时宜考虑居室的整体风格及家具的风格及色彩。首先应确定自己喜欢的设计风格，然后再从壁纸的颜色、图案、特性出发进行挑选，特别要注意的是有些壁纸小面积铺设，其视觉效果非常好，但将它大面积铺开后，效果却不一定好，也可能会与房间、家具的整体风格不一致。在选择壁纸颜色时可准备色卡以找准色调，看中的壁纸可以先拿到1m以外逆光处作进一步观察，以看清不同角度的色调变化。在家居环境中尽量不要挑选过亮、过暗、图案花哨的壁纸。不同于娱乐场所，在家中粘贴这种壁纸让人觉得喧闹、烦躁，不利于营造和谐的家居氛围。如果你还是没有信心的话，建议找一位专业的室内设计师给你选购。相信设计师丰富的设计经验与独特的艺术审美眼光会让你选到一款好看的壁纸。

◆ 选择壁纸的规格

　　壁纸的规格一般为宽0.53m，长度为10m，每卷实际面积5.3m^2。国产壁纸每卷价格在40~100元之间，进口壁纸每卷价格在80~1000元之间，在实际粘贴中，壁纸存在10%~20%的合理损耗，大花壁纸的损耗更大，因此在采购时，应考虑损耗量，预留一定量的壁纸。

玻化砖   壁纸

设计/付艳超

手绘墙画   壁纸

设计/付艳超

◆ 壁纸的用量计算

壁纸卷数＝房间地面面积×3÷5.3（1卷壁纸一般幅宽为0.53m，长度为10m，面积为5.3m²），计算所得卷数再加1卷即为所应购壁纸卷数，需要了解的是，每卷壁纸上的批号相同即代表壁纸为同一颜色，但有的壁纸尽管是同一编号，由于生产日期不同，颜色上可能仍会出现细微差异。

◆ 壁纸的保养

因需要粘贴，在壁纸施工时，应选择天气晴朗、湿度较低且气候没有剧烈变化的季节，尽量避免在夏季多雨的时候施工，壁纸黏合剂干得缓慢会影响壁纸的使用寿命。粘贴壁纸时流出的黏合剂，应随时用干净的毛巾擦干净，尤其是接缝处的胶痕要处理干净。发泡壁纸、墙布容易积灰，影响美观和整洁，每隔3~6个月宜清扫一次，用吸尘器或毛刷蘸清水擦洗均可，注意不要让水渗进接缝处。平时注意防止硬物撞击和摩擦墙面，对壁纸接缝开裂等情况，要及时予以粘贴，不能任其发展。

设计/侯宇波

树脂相框照片墙　　　　虚光灯带　　　　茶镜

设计/李翠华

仿古砖　　　　烟熏砖　　　　彩色乳胶漆

设计/欧高斌

大白乳胶漆　　　　壁纸　银镜

设计/创意空间装饰　宋富鑫

木纹饰面板　　　　银镜

石膏板吊顶造型

玻璃马赛克
艺术玻璃

实木复合地板

彩色乳胶漆

壁纸

壁纸

可拆卸纱幔

木作造型吧台外刷白油，下安装饰灯管

复合地板

设计/欧高斌

饰面板　　　　玻化砖　　　　　大理石

设计/吴献文

大理石　　　银镜压花

设计/付艳超

石膏板造型　彩色玻璃软片

设计/付佳兴

照片喷绘　　　　　壁纸

设计/王颖彬

壁纸　　　　　　金箔漆

设计/田　淯

装饰壁炉　　　　　红色壁纸

大理石　　　　　　　　　　　　　壁纸

◆ 当下最流行的几款木纹饰面板（花梨木等）

当下流行的木纹饰面板有胡桃木饰面板、水曲柳饰面板、花梨木饰面板、柚木饰面板、榉木饰面板、影木饰面板等。这些饰面板木纹美丽，不易翘曲。规格在1120~2400mm，厚度有3.6mm的，也有3.0mm的，根据环保和材料的等级价格也会有所不同，价位在68~108元之间，另外有浮雕效果的价格会更高一点，价位在115~150元之间。木纹饰面板是以珍贵木材通过旋切法或刨切法将原木切成0.2~0.9mm的薄片，经干燥、涂胶粘贴在胶合板表面。木饰面板和其他装饰材料搭配使界面具有装饰性和时代感。如在商业店面的橱窗中，常用红木饰面与玻璃结合，做商品的陈列展示柜，像名包、名表、金银首饰的展示柜设计等等。

◆ 时尚拼花板点缀出高雅装饰墙（含3D和平面）

时尚拼花板是现代的新型材料，多用新型材料制作加工而成，市场上的拼花板从造型上大体可以分两种，一种是平面的，另一种是立体的。

平面拼花板主要有：黑檀木，水曲柳，金属拉丝板，铁刀拉丝板，凹凸纹理，波浪线等图案样式；立体拼花板主要有：树桩拼花，树桩年轮，炭化肌理等图案样式。一般为10cm厚，300~500元每平方米。

这些拼花板作为立面装饰设计是不错的选择，有很强的艺术肌理感，它们与朴素的装饰材料结合在一起，能够使平淡的居室增加了高雅的品位。一些新颖的图案创意来自于平面构成的形态构成方法，如重复构成、渐变构成、发散构成、对比构成等，丰富了室内立面装饰的手法，活跃了室内空间的气氛，很有现代感，设计感（如树脂材料制成的装饰拼花板等）。

树桩拼花，拼出年轮图案的立体拼花板，是现在比较流行的拼花板，它自然、淳朴、生态、环保，创造一种田园、现代的居室装饰风格。

金属饰面板　　　　　　　　　压花艺术银镜

木纹石　　　　　　　　　　　壁纸

涂料　　　　　　　　　　　　有色玻璃

饰面板造型

茶色玻璃

饰面板

设计/孙传财

壁纸

黑镜

密度板雕刻外刷白漆

釉面砖

设计/付佳兴

热流玻璃

白色混油饰面板

涂料

设计/付佳兴

设计/付佳兴

设计/付佳兴

壁纸   金属白钢架

灰色涂料   油画布写真喷绘

设计/黄　林

设计/付佳兴

玻化砖   壁纸

密度板电脑雕刻后上混油   壁纸

设计/欧高斌

密度板镂空雕刻   玻化砖   树脂装饰墙饰面板

大白乳胶漆

釉面砖

设计/付佳兴

大白乳胶漆

大理石地面

复合地板

设计/付佳兴

彩色涂料

线帘装饰隔断

照片墙

设计/付佳兴

小贴士

小玄关多功能

玄关是迎接和送别业主的重要区域，一般玄关应该满足一些基本的功能。在家的入口除了鞋柜、衣架、穿鞋凳外最好安排一个放杂物的柜子，可以放在鞋柜的上面。把常用的东西，如伞、包、剪刀、零钱、常吃的药等等放在那里，这样就很方便了。在玄关处还应该放置一面镜子，方便业主在出门时检查着装是否得体。

设计/杨建锋

壁纸　　　　手工油画

设计/信雨彤

乳胶漆　　　　　　　　白色发光灯带

设计/许丽莉

红樱桃木饰面板　　　　手工油画

设计/王智杰

黑色喷砂玻璃　　密度板镂空雕刻后上白漆　　壁纸

设计/吴献文

石膏板吊顶　　　　皮革硬包

设计/吴献文

壁纸   有色玻璃   饰面板

设计/付佳兴

壁纸   乳胶漆 饰面板

设计/徐云飞

木纹饰面板   壁纸   壁纸

设计/董晓卓

壁纸   装饰石膏线

设计/吴献文

木纹饰面板   清玻璃   石膏板

设计/唐星慧

壁纸   玻璃马赛克

利用镜面打造宽敞、明亮的客厅
（镜面与其他饰面的搭配）

镜子有反射功能。用在室内的墙面上，在视觉上起到扩大空间的作用。如果室内面积较小，可以参考这种方法。现在流行的做法是将镜面与其他装饰材料搭配在一起使用，既使空间放大，又可以美化室内环境。

镜面与木饰面板的搭配。镜面与木饰面板搭配在一起用作电视背景墙。

镜面与壁纸面板的搭配。在田园风格的背景墙设计中，中间粘贴小碎花纹的壁纸，两边用500~600mm的镜面对称地镶嵌在壁纸两侧，镜面以白钢条或其他装饰材料收边。形成现代时尚的田园风格客厅。

镜面与石膏板的搭配。在客厅中沙发背景墙的装设计中，采用窄条石膏板与镜面拼接，形成一条石膏板，一条镜面的重复排列图案，很有现代感。

打造造型多变的装饰墙可选用壁纸加石膏板造型
（块面石膏板造型 / 条状石膏板造型 / 不规则石膏板造型）

在立面装饰设计中，想创造出新颖、多变的效果又造价低廉，壁纸和石膏板是一种不错的方案。

块面石膏板造型。块面石膏板造型与壁纸搭配可以说是最简单的一种造型方法，以一个3.6m的电视背景墙为例，最后面一层贴壁纸，上一层挂一长长1.5m，宽1m的石膏板，石膏板上方挂电视。

条状石膏板造型。以一个客厅沙发背景墙为例，中间贴壁纸，两边搭配条状石膏板造型。

不规则石膏板造型。不规则石膏板，根据设计师的设计理念可以做出多种形状，波浪形状、弧形、特殊图形等等。与背景壁纸搭配，形成奇异、浪漫的装饰风格。

设计/木子仁

乳胶漆　　　　玻化砖

设计/姜　鑫

复合地板　　　　壁纸

设计/郑超群

实木地板　　　　壁纸

设计/蒋 聪

石膏线　　　密度板雕刻　　　　　　金镜　石膏板

设计/任 伟

玻化砖　　　　　　　壁纸

设计/任 伟

壁纸　　　　　　化纤地毯

设计/王智杰

壁纸　密度板雕刻刷混油

设计/徐云飞

乳胶漆　　　　　饰面板

设计/徐云飞

仿古砖　　　　　　　壁纸

银镜

壁纸

装饰皮革硬包

设计/陈国强

木饰面板

乳胶漆

地砖拼花

设计/李翠华

设计/欧高斌

白色饰面板　　黑色喷砂玻璃

仿文化石壁纸　　乳胶漆

设计/杨建锋

❖ 艺术玻璃——装饰墙面的点睛之笔

艺术玻璃是指通过雕刻、沥线、彩色聚晶、乳玉、凹蒙、物理暴冰、磨砂乳化、热熔、贴片等其他组合形式，使玻璃拥有花纹、色彩、图案、造型等各类效果，给人以美的感受。装修中常用的艺术玻璃的产品有： 热熔叠纹玻璃、热熔浮雕玻璃、热熔网格玻璃、热熔水泡玻璃、热熔树皮纹玻璃、热熔水波纹玻璃、宝石花玻璃、彩晶玻璃、水晶嵌花玻璃、水晶彩玻璃、冰雕玻璃等。

艺术玻璃广泛地应用在立面装饰造型设计中，如玄关、客厅、餐厅、走廊等空间都可以应用，彰显它的艺术魅力。它丰富的图案、色彩、样式与肌理质感，看上去仿佛是一件技艺精湛的艺术品。

艺术玻璃可以自己独立应用，也可与其他装饰材料搭配应用。独立应用，最常见的形式就是隔断墙，对居室入口的玄关设计，在鞋框上面做一个艺术玻璃，既划分玄关的独立区域，又增添了玄关的艺术性，使人在进屋后的第一道风景处印象深刻。再如，像走廊转角处人经常通过，时间长了墙角就会变脏，墙体也易遭到刮碰，艺术玻璃加工成一米左右长的圆角形状，用玻璃金属扣固定在墙上，形成了一件"护墙衣"，既经济又美观。

艺术玻璃与其他装饰材料的搭配也很普遍，比如厨房的推拉门上镶嵌艺术玻璃；背景墙上掏空三个方形的洞口，洞口内用艺术玻璃镶嵌，玻璃背后备LED灯管，形成了一个美丽的背景墙。

设计/徐云飞

石膏板收边　　　　　　　　　　　　　银镜

设计/谢亮

肌理乳胶漆　　　　　装饰画

设计/李文斌

乳胶漆　　　　　　　　　　　石膏板　　　壁纸

设计/李文斌

实木复合地板　　　　　　混纺地毯

设计/李文斌

玻化砖　中式窗格实木雕刻

设计/孙立尧

乳胶漆　　　　地毯

设计/邵　权

大理石　　　　　　　　壁纸

设计/袁士博

石膏板　　　　乳胶漆　　　　大理石

设计/常　宁

木纹饰面板　　　化纤地毯

设计/徐云飞

乳胶漆　　　照片墙　　　　　　　清玻璃

乳胶漆

内墙砖

夹心板外贴饰面板

设计/康宁

金镜

艺术压花玻璃

设计/林文通

设计/付艳超

装饰皮革软包造型　　壁纸

设计/应乐

石膏线　　壁纸

设计/李芝强

小贴士

如何选择经济又实惠的天花材料?

　　完全没有必要用特别贵的天花,如不太担心潮湿和油烟问题,建议使用防潮石膏板刷防水乳胶漆,如果一定要用铝扣板天花,建议选择价格适中、颜色纯净的材料,尤其是厨房天花,纯白的就很好了,颜色相间除非和装修风格相配,否则很容易不协调。天花的收边切记不要留下黑缝影响装修效果。

黑色烤漆玻璃　　木饰面板

设计/朱王凡

米色壁纸　　成品饰物架

设计/卜　什

壁纸　　夹丝玻璃　　水晶珠饰

设计/卜　什

壁纸　　大理石拼花

设计/王　鹍

化纤地毯　　蓝色虚光灯带

设计/沙 威

中式窗格　　　　定制图案壁纸

常见装修施工问题解答

❖ 包工包料的优缺点有哪些?

包工包料是指将购买装饰材料的工作委托装饰公司,由装饰公司统一报出材料费和工费。正规的装饰公司包工包料透明度很高,他们对客户交代时,各种材料的质地、规格、等级、价格、取费、工艺做法都会一一列举清楚。

优点:(1)承包商对装修材料的估算较为准确,他们在"量体裁衣"时,做到"物尽其用",降低材料消耗,因为这样节约下来的是提高自己利润的途径之一。

(2)承包商对各种装饰建材较为内行,尤其对它们的特性、材质、规格等有一定的识别能力,因而能有效地把握产品质量,也为今后的施工保修提供了方便。

(3)另外,装饰公司常与材料供应商打交道,都有自己固定的供货

设计/卜 什

渠道、相应的检验手段，因此很少买到假冒伪劣的材料。就供料商来讲，也不会轻易把不合格的装饰材料卖给装饰公司。因为装饰公司对于常用材料都会大批购买，因此能拿到较低的价格。

（4）业主得到的最大的好处就是花钱买到了自己的时间，简单地说就是"省心"。装修是一件很累的事件，如果你没有足够的时间、精力和体力，那么你还是找个装修公司合包吧。或者你想减肥，那么如果你来自己装修，我想一定至少会瘦十斤的。

缺点：最大的弊端是怕装修商以次充好，以劣充优。装修公司若真的能给消费者提供物美价廉的商品自然是好的，但由于现在装修市场竞争激烈，一些公司设计是免费的，再去除一些必要的人工开支等费用，装饰公司的利润就不多了，那么要想挣钱从哪里来呢，只有在装饰材料上做文章了，一些装修公司与材料供应商联合，业主到哪个材料供货商选取材料，材料供货商就会给公司一定的"返点"。所以一个装修公司不在工程费上和设计费上挣到钱，也会在装饰材料的"返点"得到利润的。

◆ 注意事项

（1）装饰公司的实力：是否有工商局注册的营业执照、国家有关部门颁发的施工资质与设计资质，是否有正规的营业办公地点。

（2）公司施工过的项目考察：设计是否合理，施工质量是否符合要求。

（3）是否有专门的材料部门保证满足配套供应，他们与材料供应商是否建立可靠合作的关系，材料出现质量问题公司能否承担。

（4）有无施工管理部门对施工质量及进度予以监督。

❖ 如何考察施工队？

（1）从报纸、熟人、宣传媒体寻找几个知名装修公司，亲自登门，查看装修公司的办公环境、场所、规模、从业人员的素质，从这些方面来评价和考察。

（2）看公司是否具备建筑主管部门颁发的资质证书、营业执照，是否具备施工能力，检查一下注册年限，以及注册资金，确定装修公司的发展规模。经得起时间检验的公司，客户的认同度肯定高。

（3）参观装修公司的样品房，看几处正在施工的工地和已完工马上要验收的住宅，综合考察设计水平，了解施工队管理水平和工艺水平，从现场管理观察施工人员素质，听听业主对公司的评价，业主是最公正可信的，业主对公司的认可程度是衡量一个公司服务质量优劣的有效途径。

（4）通过报价体系和工料分析单，判断该公司预算透明度，是否让业主明明白白消费，材料应注明品牌、价格、规格等级，透明稳定的价格体系是您选择该公司做装修是否合算的重要标准。

（5）看装修公司的服务诚意和实力，如果装饰公司的每位员工对装修过程的每个环节都尽心尽力，其装修效果一定会好。

（6）完善的售后服务才有装修质量的保证，正规公司的售后服务应有专门的售后服务人员，提供及时周到、服务正规、一次到位的专业服务，而不是临时从施工队里抽调。否则，承诺的售后服务就不能到位。

如果上述6个方面都比较满意，那么您就可以将住宅放心地交给该公司装修了。

设计/张香峰

壁纸　　　　　　　　　　化纤地毯

设计/孙立尧

混纺地毯　　　　　　　　大理石

设计/虞水明

布艺装饰画　　　　　　　窗帘

壁纸

欧式柱构件

设计/杨建锋

石膏构件

皮革软包造型

设计/赵　广

设计/陈毛豪

烤漆玻璃　　　木饰面板　　　　　　　　虚光灯带

设计/莫水明

装饰画　　　　　　　　　　壁纸　　　车边银镜

032

小贴士

快速计算瓷砖用量的小妙招

在买瓷砖前应准确地量出房间墙面的长和高。如一个卫生间有四面墙，每面墙都要量出它的长、高。高度就确定在吊顶往上10cm的位置即可，如果太高会浪费材料。如果有窗户和门要扣除窗户和门的面积。最后算地面的面积。在确定的面积上再加5%的损耗即可。

设计/张 峰

石膏板　　　中式窗格造型

设计/付佳兴

现代装饰画　　　石膏板

设计/蒋 聪

饰面板　金镜　　　壁纸

设计/张香峰

板材隔断　造型吧台　　　壁纸

设计/周 朋

波纹板　　　银镜 框线

033

车边茶镜

大理石

仿古砖

设计/华伟工作室

金箔

大理石

大理石

设计/沈阳元洲装饰 张健

设计/胡狸设计

壁纸

镜面磨花

几个不准安装电源插座的地方

很多家庭在安装插座时，往往把插座安装得很低，因为觉得太高有碍美观。这样容易在拖地时，让水溅到插座里，从而导致漏电事故。业内规定，明装插座距地面最好不低于1.8m；暗装插座距地面不要低于0.3m。厨房和卫生间的插座应距地面1.5m以上，空调的插座至少要2m以上。另外，有水和聚热的地方尽量要不安装电源插座。比如水管下方和暖气周围等处，以免发生漏电现象。

饰面板与线条接头怎么处理？

饰面板与线条的接头处理很重要，上实木线条时，两边都要预留1mm以上的空余，至少要5天以上干燥收缩，然后再将线条刨平。在刨线条的时候不要将饰面板上的木皮刨掉，后期油漆没办法修补。

设计/周 周

饰面板   黑色喷砂玻璃

设计/沈阳山石空间设计

复合地板   涂料

设计/梵石设计

虚光灯带   混纺地毯

设计/姜 鑫

实木雕刻后背清玻璃   彩色喷绘画   大理石

艺术压花玻璃

仿陶艺装饰砖

石材

设计/泉港华田装饰设计

中式木格造型

壁纸

艺术玻璃

玻化砖

设计/陈云同

镜面

壁纸

设计/周　鹏

选软装配饰的时间节点?

　　一个家的装修风格，软装配饰会起到至关重要的作用。沙发、衣柜、餐桌椅、窗帘等最好提前多看看。若四处乱跑就太累了，可以找几个购物环境好的大型家居广场逛逛，根据自己预想的风格慢慢筛选出合适的东西。如果等到必须用的时候再去看，难免最后会勉强接受而并不与设计风格匹配。

设计/戴文强

壁纸　　　　　　　时尚拼花板

设计/欧高斌

马赛克　木纹石　　石膏板

设计/杨荷英

化纤地毯　　　　木制棚线　　　装饰画

设计/赵 广

板材刷混油　　乳胶漆

设计/沈阳元洲装饰　鲁勇

乳胶漆　　　　　　　　　　壁纸

设计/大连设计师 魏晓师

壁布　　　　　　　乳胶漆

设计/赵 广

银镜　石膏板　　　　　　　真石漆

设计/侯宇波

壁纸　　　　　欧式水晶吊灯　仿古砖

设计/戴文强

喷砂玻璃　　　艺术压花银镜　石膏板

◆ 木工制作可以使用万能胶吗？

不能。万能胶用来贴铝塑板或不锈钢板的牢固程度比较好。木工制作现在多使用木工胶，采用木工胶来贴木饰面板既环保又牢固。如果用万能胶来贴饰面板，时间长后饰面板会开裂，增加了室内的甲醛污染。

◆ 如何避免乳胶漆墙面开裂？

首先要分析出墙面开裂的原因，一般有五种情况可导致墙面开裂：

（1）原房的保温层有裂缝，导致装修后墙面开裂；

（2）墙面开槽后修补涂刷不当，导致墙面收缩出现裂纹；

（3）抹灰时水泥的配比不准确，配比高了就容易开裂；

（4）墙面腻子的配比不当或者是刮抹不均匀；

（5）乳胶漆和水的配比不合适。

（6）季节的影响。

除了材料和工艺的问题，冬季装修也是一个常见的问题，因为冬季天气比较寒冷，墙体或表面有潮气或结露，如果没经过处理就直接将墙漆或底剂涂刷上，一旦待温度提高就会形成小气泡而开裂。

而春夏两季已装修好的房间进入秋季后，由于干燥且气温变化频繁，水分挥发与材料收缩也会造成不同程度的开裂与缝隙。

这种由于季节原因造成的装修问题最好不要马上修补。因为此时的开裂是由于墙体内的水分正在逐渐挥发造成的，属于装饰材料的正常物理变化。如果这时未等水分完全挥发完就又刷上新的漆面，水分仍然会继续挥发，并且还会从其他地方出来，墙体就仍有可能再次开裂，可以先不管它，经过一个冬季暖气的烘烤，墙体也就基本干透了，等来年开春以后再重新涂刷。

一些较好的预控措施：

（1）所有不同基层的接缝部位、门窗后塞口收口部位、水电箱体堵洞接缝部位，在刮腻子前必须用白乳胶粘贴玻纤布，防止该部位墙面出现裂缝；

（2）加气混凝土砌体在抹灰前，双面满挂钢板网，并浇水润湿墙面，防止抹灰面层出现裂缝；

（3）由于阳台立板为50mm厚C20细石混凝土现浇板，二次结构施工时优先安排此项工作，使可能出现的裂缝先展开并尽早稳定，做外墙涂料时裂缝部位涂刷两遍弹性漆，内墙涂料施工时该部位贴一层玻纤布；

（4）墙面装修时选用优质耐水腻子，避免装饰层表面开裂。

设计/大连金世纪装饰　张新

实木上混油　　　　定制图案壁纸

设计/赵　广

壁纸　　工艺品瓷盘　木纹饰面板

设计/沈阳元洲装饰　鲁勇

大理石地面拼花　　壁纸　　装饰银镜

设计/莫水明

文化石　大理石　　实木复合地板

设计/莫水明

黑色烤漆玻璃　　大理石

壁纸

石膏线

乳胶漆

设计/郭从明

石膏板吊顶内藏发光灯带

壁纸

饰面板

设计/谢 亮

设计/尚方·同创装饰工作室 吴斐

仿古砖 大理石

设计/李芝强

布艺灯具 黑色喷砂玻璃

砂岩墙　　　　　实木刷混油　石材　　　　　　　板材外包饰面板　　　　壁纸

密度板雕刻刷混油　密度板镂空雕花　　　　　艺术压花银镜　　真石漆

混纺地毯　　　　　　　仿古砖　　　　　　亮光釉面砖　　　　　　壁纸

设计/谢 亮

文化石　　　　　地毯

小贴士

不完美的瓷砖该如何利用？

　　家装中有很多需要铺贴瓷砖的地方，部分不太完美的瓷砖和在运输过程中有轻微损坏的瓷砖可以让工人贴在将来一些看不到的位置，比如橱柜、洗手台、镜子等后面，还要注意花砖、腰砖等不要被工人贴在以上位置，否则将来你什么都看不到，还花冤枉钱。在铺贴墙砖、地砖之前，注意泡水时间一定要够。

设计/蒋 聪

壁纸　　　　　饰面板

设计/陈丽媛

夹心板外贴饰面板　　　　　玻化砖

设计/王 鹍

釉面砖　　　　　条纹壁纸

设计/刘 洋

壁纸　黑镜　　　　　密度板镂空雕刻

壁纸　　　　　　　　　　　饰面板

石膏板　黑色烤漆玻璃

❖ 旧房墙面翻新的施工技巧

重新刷乳胶漆的步骤

（1）墙面沾水。润湿原有墙面，铲的时候省力。

（2）铲墙皮。铲除原墙面已经被水浸过的部分，直到露出水泥砂浆墙面或是腻子层。

（3）界面剂。墙面涂刷界面剂，刷界面剂一定要都刷到，而且要刷匀。

（4）裂缝。一般情况下用牛皮纸带和白乳胶贴住裂缝（但不能保证100%不会再开裂）。

（5）找平。凹凸不平的墙面需要找平，一般石膏比较常用，凹凸差不超过0.5cm为佳。

（6）贴布。一般轻体墙和保温墙等非承重墙都是需要贴布的，尽量选择质地好一点的墙布和白乳胶，如果有条件的话可以用网格布，相对防裂效果会更好一点。

（7）批刮腻子。选用颗粒细度较高和质地较硬的腻子为佳，也可以在腻子里添加一定的白乳胶，可以提高腻子的硬度。

（8）打磨。尽量用较细的砂纸，一般质地较松软的腻子（如821）用400~500号的砂纸，质地较硬的（如墙衬、易呱平）用360~400号为佳，如果砂纸太粗的话会留下很深的砂痕，刷漆是覆盖不掉的。打磨完毕一定要彻底清扫一遍墙面，以免粉尘太多，影响漆的附着力。凹凸差不超过3mm。

（9）底漆。底漆一定要刷匀，确保墙面每个地方都刷到，如果墙面吃漆量较大，底漆最好适量地多加一点水，以确保能够涂刷均匀。不要

乳胶漆　　　　　　　　　　　　　　　　　　　　　　　　　壁纸

因为是底漆就以为用差一点的滚筒就可以了，底漆的涂刷效果会直接影响面漆的效果，要用跟面漆同样质地的滚筒。

（10）找补。腻子打磨完毕之后，会留有一些瑕疵（坑眼），一般情况下很难看清，只有刷过一遍漆之后才会很明显，这时候就需要找补了，注意找补一定要打磨平整，再用稍微多加一点水的底漆刷一遍，以免刷面漆的时候因为与其他墙面的吃水量不同而有色差。

（11）面漆。不要加过量的水，会影响漆膜厚度、手感和漆膜的硬度，尽量选择好一点的工具，滚筒的毛不要太短，但一定要细，这样刷出来的漆膜才会手感细腻，涂刷主要注意墙角、每滚中间接茬部分和收漆方向，墙角的处理，多数情况是用排笔或板刷进行涂刷，这样会容易造成边角纹理与整面不一致，视觉上会有差异，如果有条件的话可以买一把收边滚筒，边角用板刷上漆之后再用收边滚筒收一遍，注意收边滚筒的材质要和刷大面的滚筒一致，刷大面的时候每滚接茬地方的漆一定要收匀，不能过厚也不能过薄，不然会因为薄厚不均造成反光不一致，刷漆的时候每滚上墙之后都会有一个收漆动作，这就要要求每滚收漆的方向要一致，不然会造成每滚的滚出来的纹理不一致，反光角度就会不同，视觉上就会有差异。（建议：刷漆之前买一个托盘，商店里都会有卖的，用托盘可以保证每涂刷一滚，滚筒上的漆都是一样多的，这样就会刷得很匀。）

（12）养护。乳胶漆涂刷完之后4个小时就会干燥，但干燥的漆膜还没有达到一定的硬度，这就要护理，很简单，7~10天之内不要有擦洗或任何接触墙面的举动即可。

◆重新贴墙纸要先处理好基层墙面，前几个步骤处理和刷墙漆一样，刮腻子后有区别

（1）墙面刮腻子。

（2）过去在贴墙纸前要涂刷一遍白乳胶，但是因为白乳胶的环保性较差，现在已经不用了，基本是涂刷一层基膜，因为如果直接贴墙纸，胶的粘合力很强，直接贴有可能把墙面的基层拉脱落，如果你先刷一层基膜（或者也叫墙纸伴侣），基膜可以封闭墙体，防水防潮，增加墙壁与墙纸的黏合度。

（3）刷了基膜以后，等一天再贴墙纸就可以了。现在也有一些壁纸胶里面已经带有基膜成分，这样的就不用再单刷基膜了，腻子干透了，涂刷壁纸胶直接贴墙纸即可。

车边银镜　　　　　　　　　　手绘墙画

设计/胡狸设计

壁纸　　密度板雕刻刷混油　　　　手绘墙画

设计/大连金世纪装饰　张新

壁纸　　手绘油画

设计/沈阳艾尚装饰

文化石　　实木框线

设计/寒泉设计

中式镂空木格

石膏板

设计/赵 广

横线壁纸

饰面板

设计/胡狸设计

设计/姜 鑫

肌理乳胶漆   手工油画   定制木窗

设计/大连金世纪装饰 张新

中式构件　　　　　乳胶漆

设计/沙 威

手绘墙　　　　成品书架　　　乳胶漆

设计/沙 威

银镜　　　　　　乳胶漆

设计/华伟工作室

中国画　　　　　　壁纸

设计/沈阳元洲装饰 朱琳琳

壁纸　　　　石膏板　　车边金茶镜

密度板镂空雕刻上混油

石膏板

混纺地毯

设计/胡狸设计

石膏板

壁纸

设计/梵石设计

壁纸

人造石吧台

设计/大连设计师　魏晓帅

壁纸

大理石

设计/华伟工作室

乳胶漆

彩色喷绘照片

设计/胡狸设计

设计/梵石设计

板材刷混油   壁纸

设计/华伟工作室

木饰面板硬包   化纤地毯

车边银镜　　　　强化复合地板

石膏板吊顶造型　　　　壁纸

密度板雕花　　　　壁纸

❖ 壁纸裱糊与软包如何验收?

◆ 壁纸的验收:

(1)壁纸和胶粘剂等辅助材料的品种、级别、花色、规格应符合设计要求。

(2)基层表面处理达到标准,灰面色泽一致,当使用遮盖力不强的面料时,灰面应为纯白色,含水率不大于8%。

(3)裱糊表面色泽一致,无斑污、无胶痕。

(4)各幅拼接时,横平竖直,图案端正,拼缝处图案、花纹吻合。

(5)距墙1.5m处目测,不显接缝。阳角处无接缝,阴角处搭接顺光。

(6)壁纸裱糊与挂镜线、门窗框贴脸、踢脚板、电气、电话槽盆交接紧密,无缝隙、漏贴和补贴,可拆卸的活动件不得裱糊。

(7)裱糊牢固,无空鼓、翘边、裙皱等质量缺陷,表面平整、洁净。

◆ 软包饰面表面应符合以下规定

合格:表面面料平整,经纬线顺直,色泽一致,无污染,压条无明显错台错位。

优良:表面面料平整,经纬线顺直,色泽一致,无污染,压条无错台错位。同一房间同种面料花纹图案位置相同。

◆ 各幅拼接应符合以下规定

合格:单元尺寸正确,松紧适度,棱角方正,周边平顺,填充饱满、平整,无皱折、无污染、接缝严密、图案拼花端正完整。

优良:单元尺寸正确,松紧适度,面层挺秀,棱角方正,周边弧度一致,填充饱满,平整,无皱折,无污染,接缝严密,图案拼花端正,完整、边缘对称。

◆ 软包饰面与挂镜线、贴脸板、踢脚板、电气盒盖等交接处应符合以下规定

合格:交接紧密、电气盒盖开洞处套割尺寸正确、边缘整齐。

优良:交接严密、顺直、无缝隙、无毛边。电气盒盖开洞尺寸套割正确,边缘整齐,方正。

检验方法:观察检查。

彩釉玻璃　　　　乳胶漆

设计/尚道林

化纤地毯　　　　造型吊顶

设计/周　周

石膏板　　　　木纹饰面板

设计/李文斌

石膏板　壁纸

设计/华伟工作室

大理石　　造型壁炉

设计/殷　冰

文化石　　　　中式木雕

设计/查裕高

造型酒柜　　　　　饰面板

设计/高继海

设计/贾建新

黑色喷砂玻璃　　　　　　木饰面板　　　　　地毯　　　　　　　　　实木复合地板　　　　　　纤维艺术品

设计/沈阳山石空间设计

乳胶漆　　　　　　　　　　　　　　　　实木地板　　　　　地砖

壁纸

实木复合地板

设计/沈阳艾尚装饰

硅藻泥

免漆板

实木复合地板

设计/沈阳山石空间设计

设计/泉港华田装饰设计

茶镜　　　　密度板雕刻刷白油　　磨花镜面

设计/杨荷英

石膏板刷乳胶漆　　　　夹心板上混油

装修省钱窍门

❖ 怎样做装修预算更实惠？

　　在装修过程中，如何减少费用是大部分业主关心的问题，因为大部分业主会在装修之前进行各种费用的预算。如果装修费超过了自己理想中的预算，该怎么办呢？

　　首先，减少装修的内容。业主首先要确保重点装修项目的资金充足，而如果手中的资金确实紧张，就可以对一些无足轻重的装修内容简化，借此来压缩资金。

　　其次，分次序来装修。如果业主的资金不是十分充裕，可以按照"重要的、急需要装修的、不重要的、不需要急装修的"这个顺序来优先考虑重要的、急需要的内容，其他的不重要的、不需要急装修的可以等入住后慢慢地补充。

　　然后，要购买便宜货。在家庭装修中，位于居室表面的材料可以用

设计/胡狸设计

镜面　金属壁纸

质量较好的，而里面的或者隐藏的材料就可以用稍差点的，这样也不会影响装修效果。

这样既可以使居室表面好看，又可以不浪费钱。但是，业主还要注意不能过分降低材料质量，防止日后因为出现质量问题而花钱重新改。比如在做立面装饰造型时，使用的大芯板市场上质量不同的价位相差近百元，质量差的大芯板，给施工带来不便，日后使用寿命也不长。

最后，大砍价钱。装修公司一般给出的装修价都比较高。业主在和装修公司谈价钱的时候，应该根据自己之前的了解和一些经验，进行适当的砍价。

购买住房之后，很多人都希望能够装出高质量、高品位的居室，同时又想要价格好，不花冤枉钱。因此，可根据房间面积和自身经济状况策划装修档次和品位，从而计算出装修费用。

那么，如何做好装修预算呢？

◆ 家庭成员对装修的基本内容达成一致见解

例如，是否做家具，地面铺什么材料，各房间的功能，墙面的颜色，门的材质等，只有对装修的基本内容有了统一的意见，才能避免在装修过程中更改设计。

◆ 明确家装方面的经济承受能力

例如，打算5万还是10万装修新居。须注意，这里的承受能力是指在不影响现有正常水平的情况下的资金承受能力。装修预算往往与装修的实际支出存在出入（超出预算），考虑家庭的承受能力时需要做好一定的心理准备。

◆ 到各大装饰市场进行摸底

了解装修使用的装饰板材、墙面涂料、地板（复合与实木）、墙地砖、洁具、厨具等饰材的质量、价格、材质、产地、性能等情况。全家人共同商讨，制定出装修的档次，然后以此为基础估算出材料的费用。

设计/胡狸设计

壁纸　　　　　　　饰面板

设计/胡狸设计

壁纸　　　　　　密度板雕刻刷混油

设计/沈阳元洲装饰　郑艳玲

板材刷混油　壁纸　大理石拼花

设计/胡狸设计

饰面板　　　　陶瓷工艺画

设计/胭脂设计

仿古砖　真石漆

设计/胭脂设计

地毯　碎花壁纸

设计/沈阳艾尚装饰

成品书架　人造石吧台　乳胶漆

设计/戴文强

石膏板吊顶　磨花玻璃

设计/胡狸设计

手绘墙艺　白钢

设计/泉港华田装饰设计

壁纸　红胡桃实木线　密度板雕刻刷混油

设计/大连设计师 魏晓帅

定制楼梯　　　　　　壁纸

小贴士

橱柜设计、安装窍门多

橱柜安装少则4~5小时，多则2天。安装时可检查所用材料是否是选订的那种，通过铰链孔可看到柜体材料。橱柜安装前把厨房先清洁一下，因为柜子一旦装好，那些死角都没办法再打扫了。橱柜除柜体、台面外还包含到灶具、水槽、拉篮等，如果资金有限，拉篮、调味篮、米桶等可以考虑单独购买，这样可以节省部分资金。

设计/沈阳山石空间设计

乳胶漆　　　　　　实木复合地板

设计/周　周

磨花玻璃　　　喷花玻璃　　　免漆板

设计/易　俗

黑镜　　　　内嵌黑镜

设计/胡狸设计

壁纸　　　　　隔断　　　实木隔断

饰面板　　　　　　　壁纸　　　　　　　　　　　　　仿皮革壁纸

书法作品　中式木格实木雕刻　　　　　　　　石膏板　真石漆　　　　　　　　　　　乳胶漆

密度板雕刻刷混油　　　定制壁纸（图案任意）

❖ **装修费用哪里能省，哪里不能省？**

◆ 一定要省的六个环节

（1）不合理改造。在工程改造的时候，首先应该注意省去一些不合理改造的费用。这部分不合理改造费用常常会出现在电视视频线、电话线和网络线改造的时候，不合理的规划会让你的电话线、电视视频线、网络线多花不少钱。所以，自己一定要学会计算最短距离。

（2）瓦工费。除非家装的风格对磁瓦有特殊要求，一般最好尽量少用小砖和拼花。因为如果用小砖和拼花的话，瓦工的费用需要每平方米一百多元，而通常买砖的费用每平方米才几十元。所以，建议在装修的时候最好少用小砖和拼花，这样会为装修省下一笔不小的开支。

（3）墙砖费。选墙砖也是很有诀窍的一件事，装修的时候，地砖可以选好一点的品牌，价钱贵一点没关系。但是，墙砖就可以选择便宜的一般品牌，因为墙砖对耐磨性的要求不高。

（4）地砖费。通常情况下，买地砖肯定是选好牌子，对于地砖的耐磨性和耐污性，一般要求都比较高。但在橱柜（地柜）柜体下的地砖部分，由于被遮挡，既不用美观，也不会经常受到磨损，完全可以用价格便宜的瓷砖来代替。

（5）卖场活动。虽然现在很多卖场在平时都会搞各种活动，但对于买品牌建材产品的业主，切记不能忘记了一年的三大传统活动节点，即"五一"黄金周、"十一"国庆黄金周及每年年底。"五一""十一"不用说，传统的购物黄金周当然有超值的优惠。值得一提的是，每年到年末十二月份的时候，商家都忙着冲量完成任务，优惠力度肯定会大得多。赶在这三个时间节点去买品牌建材，一般都会比平时便宜。

（6）柜体。一般来说，同等档次的成品柜体比定做柜体性价比要高许多。因此，在选择柜体的时候，可以选择一部分成品柜体作为平开，避免全推拉，因为全推拉的设置又要贵一些。

◆ 决不能省的四个秘籍

（1）设计费。好的设计肯定花费了设计师大量的心血，我们在尊重好的设计作品时，自然应该肯定设计师合理的设计费用。一个好的设计师，除了可以帮你做出一个好的设计作品以外，还能教你如何省钱装修，如何选择主材等。

（2）洁具、五金件。洁具、五金件作为日常生活中常用的家具生活用品，消费不能一味求省，"必须要用好一点的品牌"，因为你天天都要用，劣质的很容易出问题，很难想象劣质马桶长期出问题会给你的生活带来多大的不便。

（3）开工前的方案确定时间。首次装修，很多业主很容易把装修想象得过于轻松。实际上，光是一个设计方案的出炉，设计师就要花去不少时间，因为要考虑各方面的实际问题。对此，业主应给与充分理解，不能操之过急，更不能直接省去方案出炉后的确定时间直接开工。

（4）绿色环保材料。很多业主在装修的时候为了一味追求性价比，经常会忽略产品的环保系数。为了省钱，低于同类型产品环保标准的产品也买回家，这样不利于家人的身体健康，涉及环保等健康的大问题时，钱是不能省的。

设计/胡狸设计

条纹壁纸　　石膏板

设计/胡狸设计

夹丝玻璃　　石材

设计/胡狸设计

大理石　　艺术玻璃

设计/胡狸设计

手绘墙艺　　　　　　　　　　　石膏板

乳胶漆　真石漆　　　　　　　　　成品家具

设计/胭脂设计

设计/胡狸设计

金属壁纸　　　成品饰面板

免漆板多宝格造型　　　　中式图案壁纸

设计/杨飞

设计/胡狸设计

成品墙架　深色乳胶漆

线帘　壁纸　　PVC线相框

设计/梵石设计

乳胶漆

壁纸

设计/沈阳山石空间设计

通体砖

乳胶漆

饰面板

设计/梵石设计

设计/胡狸设计

马赛克　壁纸

设计/寒泉设计

乳胶漆　　　　饰面板

设计/大连金世纪装饰　张新

小贴士

刷木器漆期间应避免粉尘

　　刷木器漆最好等房间铺完地砖做完木工活，没有粉尘后再刷。如果一定要刷的话，最好也要将房间打扫干净再刷。如果房间里的粉尘很多的话，粉尘容易附着在刷过木器漆的木制品表面，刷完后摸上去有刺刺的感觉，这种情况虽然可用较高标号的砂纸打磨后再刷一遍解决，但是最后效果还是不会很理想。

实木雕刻上漆　　　中式屏风实木雕刻上油漆

设计/大连金世纪装饰　张新

密度板雕刻刷白漆　　　亮灰色壁纸

设计/胡狸设计

密度板雕刻造型　　　壁纸

设计/陈毛豪

白钢板　　　玻璃砖

设计/陈毛豪

木饰面板　　　镜面

实木复合地板　　　　　　　　免漆板

乌镜　　壁纸　　白钢条收边

磨砂玻璃、后背发光灯带　　　欧式图案、密度板镂空雕刻

实木地板　　　　　　　　壁纸

乳胶漆　　　仿古砖

壁纸　　　手工油画　　　羊毛地毯

乳胶漆 木方上混油

乳胶漆 黑镜

壁纸 强化复合地板

茶镜 壁纸 强化复合地板

❖ 紧跟团购潮流

　　如果你对精装修房不放心，或者你特别喜欢享受"自己动手，丰衣足食"的快乐，那么，时下一种新型的购物方式——团购一定会让你倾心。在网络十分发达的今天，团购已不是什么新名词了，不少专业的团购网站也应运而生。如果说一开始不少人对团购还心存疑虑的话，那么现在，年轻一代已经热衷于团购了。

◆ 选择合适的购买形式

　　目前，家装建筑市场最直接的省钱方式就是集合众人的力量，进行团购的商家一般会对团购给予比零售更优惠的价格。但是，其实团购只适合一些产品，网上组织的团购多为个人经销商，他们分散在不同市场，团购网以及商家所在市场不承担商品质量保证责任，商家价格比市场价低，可能会通过用次品或者减少配件的方式坑害消费者。要向大家推荐的是由商场组织的针对小区或特定团体的集采活动，参加这种集采活动购买商品除了价格低一点外，不会与自己购买有任何的区别，并会得到商家和市场的双重质量保证。

◆ 上网寻找有价值的信息

　　所谓有价值的信息，可以是批发商品的优惠促销广告、商品的测评报告、商品的介绍、网友的经验、网友的推荐等信息。它可以帮你有效地避免购买到不适合自己的产品，有效避免由于知识的缺陷上当受骗，有效降低筛选的时间，从而节省时间节省金钱。

◆ 预付款可变相省钱

　　所谓预付款，就是指在你下定决心选择某品牌某建材后，将款项预付给卖场，货物另行约定时间提取。其实，这种付款方式已经为大多数人了解，但不少人选择这种方式只是因为家里腾不出空间，而将买到的货物寄存在卖家。

◆ 团购建材未必省钱省心

　　时下建材团购之风蔓延迅速，一些商家还成立专门的部门承接团购业务，甚至构建了网上销售平台，方便团购者。商家的殷勤服务对于急于进行家装的消费者来说很具诱惑，所以响应者甚多。消费者认为可以凭借群众力量获得更多优惠，争取到更多权利，可实际上团购建材不一定能让消费者省力省心，由于现有的法律法规对于团购没有任何规定，光靠消费者和商家的信誉来维持是远远不够的。而且团购成员之间没有约束，想参加就参加，想离开就离开，而商家往往根据团购数量给定折扣，一旦在量上无法保证，折扣自然就不能让人满意。造成很多团购到最后无果而终。

◆ **团购时要特别提防的几种骗术**

（1）别有所图的团购召集人先以同路人身份骗取消费者的信任，再向消费者推荐某些商家的高回扣率的建材。消费者一旦购买，他们便从中拿到回扣。有的召集人还欺骗消费者购买过时或不合格产品，为己谋私利。

（2）商家直接派自己的销售人员冒充消费者的身份参与团购，这样业务做成了，价格也不会压得太低。

（3）除了价格问题外，团购也会出现质量问题，对于外行的消费者，价格虽然压下来了，但是品质却很难把握，同样是一个牌子的瓷砖，不是同一个批次，质量价格可能相去甚远。

综上所述，团购建材虽然是一个不错的想法，但是建议消费者不要盲目参加，最好先去各大建材市场了解建材行情，学会鉴别建材的好坏，知道基本建材的价格，这样才不会被别人牵着鼻子走，并最终能在团购会上选出性

设计/梵石设计

壁纸　　　　　马赛克

手绘墙艺

免漆板

设计/沈阳艾尚装饰

磨花玻璃

壁纸

设计/泉港华田装饰设计

价比高的建材。

网购建材家具时，当心莫被低价冲昏头。

随着网络的不断发展和完善，网上购物越来越成为一种时尚，如今建材家具也可在网上买，小王就是这种情况，在整个家庭装修中，他只去过一次建材市场，买了水泥木板，其他所有装饰材料都是在网上购买的。网上买建材不仅方便价格也便宜，而且网上能买到个性化定制的商品。

虽然网购有这么多的优点，但还是建议大家网购时要谨慎，不要被那些超低的价格所诱惑，尤其是购买大件的建材和家具时就不易网购，建议大家还是直接去店里购买，因为我们购买的商品往往和我们所看到的多少有些不一致，一旦发生问题就很难找到卖方，而且网上卖家一般不提供售后服务，快递公司会要求消费者先签字后看货等。有的消费者抱怨"网购建材最烦人的是商品型号不适用，或多买了一两件商品退货很麻烦"。此外，实体店的价格虽然高但负责安装和保修，网上购买的品牌商品，虽说也是全国联保，但具体操作起来就不那么简单了。

在这里给大家介绍几件不易网购的商品，首先是瓷砖，运费贵，容易损坏，补退困难。其次是实木地板，体积太大不易包装，不退货同样麻烦。再者是陶瓷卫浴，体积大容易损坏，釉面被刮坏就很难看。最后是玻璃主材的灯具，因为运输中太容易损坏。

设计/戴文强

喷砂玻璃　　　　　磨花镜面

银镜

条纹壁纸

设计/沈阳山石空间设计

乳胶漆

亚麻布

设计/沈阳山石空间设计

壁纸

釉面砖

设计/华伟工作室

黑色喷砂玻璃

仿皮革壁纸

设计/梵石设计

设计/胡狸设计

设计/胡狸设计

石材　　　　乳胶漆　马赛克　　　　乳胶漆　　　　手绘墙艺

设计/胭脂设计

真石漆　　仿古砖

小贴士

灯具安装做好防护可避免返工

　　刷完漆之后如果没什么原因就要装灯具和各种电器开关了，在安装灯具与电器开关的工人在安装之前一定要将手洗干净或带上干净的手套，这样在安装的时候就不会弄污墙面了。如果弄污了墙面，就需要对墙面进行补漆。在刷完墙面后可能剩一部分乳胶漆，可用于修补。

设计/查裕高

软包　　壁纸

设计/杨荷英

实木隔断　　大理石

设计/陈毛豪

车边银镜　乳胶漆　　石膏线

设计/杨荷英

实木复合地板　　乳胶漆

乳胶漆　　　　　　　　　　　　　条纹壁纸

实木雕刻加茶镜　　　　　　　　手工油画

大理石　　　　定制家具　　　夹心板喷白漆

壁纸　　　　　　　　　　　　　　定制书架

文化石　　　　　　　　　　　　饰面板

乳胶漆　　　　　　　　　　　　　人造石

亚光釉面砖　　　　　　　　乳胶漆

❖ 涂料选购省钱要点

（1）秋冬刷漆更合理。油漆质量的好坏直接影响到装修的最终效果，秋冬季空气干燥油漆干燥快，从而有效地减少了空气中尘土微粒的吸附，此时刷出的油漆效果最佳。冬季室内的湿度、温度保证了装修中大量使用的板材，如芯板、各类胶合板以及石膏制品等材料施工后的稳定性。在冬季，受温度影响装修市场会相对萧条，这时倒给砍价带来了优势。

（2）正规店铺有保证。想在购买涂料上省钱又省心，首先应考虑涂料的质量，去正规的大型超市、建材城、专卖店购买，都是省时省力的选择。通常这些地方的产品和品种种类齐全，质量有保证。切不可了为省钱贸然选择便宜产品，如果不能保证质量会惹来"返工"的麻烦。

（3）切合实际依据自己的需要来购买。

条纹壁纸　　　　　　　　乳胶漆

壁纸　　　　化纤地毯

硅藻泥　　石膏板　　　　　　装饰画

实木雕刻刷混油　　乳胶漆

❖ 油漆施工省钱秘诀

建材市场上的涂料看起来都一样，但在实际采买中有很多学问。以下即为人人都可遵循的涂料节约购买的要点。

◆ 只买自己需要的

究竟哪种涂料的性价比高是很难说的，关键要看自己的需要。目前，涂料的性能大多集中在耐擦洗、防霉、抗菌、覆盖细小裂纹等方面，涂料的价格也随着功能的增多而提高。在购买之前，首先要考虑清楚自己的所需，最贵的并不一定对自己有用。比如，有的耐擦洗次数能达到2万多次，有的是3000次，前者的价格自然要贵得多。但是，国家规定耐擦洗次数只要达到1000次就是合格的。所以，选择哪种就看自己的需要了。又如，如果你的房子朝阳，通风又好，那就不必花防霉功能的这份钱了。

◆ 不要轻信广告

拨开涂料广告的云雾，直接依照相关的检测方法、检测标准和权威的检测机构，一验真伪。比如，所谓的涂料就名不副实，因为目前国际上尚未出现公认的检测标准。

◆ 放开手脚买国货

在目前的涂料市场上，进口涂料占到45%左右。主要占据着涂料的高中档市场，它们的涂料价格比国产涂料要贵20%～50%。但国家化学建筑材料检测中心2003年公布的中外10个涂料品牌对比试验的检查结果证明：富亚、嘉宝丽、千色花等品牌在品质上与立邦、多乐士等洋品牌不相上下。

设计/卜龙军

金茶镜　　　乳胶漆　　　　　　　　　镜面

设计/胡狸设计

石膏板　　内藏虚光灯带

设计/华伟工作室

车边银镜　　　　　　　　　　成品油画框收边　　艺术压花玻璃

成品欧式油画框

石膏线

仿古砖

设计/梁宏磊

水晶吊灯

壁纸

镜面

设计/刘 亮

石膏线拼花

金茶镜

布艺软包

设计/刘 亮

小贴士

做好防水在家庭装修中至关重要

卫生间的防水是非常重要的工程,在水、电改造完毕封槽后,便可进行防水了。卫生间地面防水及距墙面30cm和淋浴区做两遍,其他30cm以上做一遍即可,门套处防水需包住门边。防水做完待干后,进行试验,时间为48小时,48小时到下一层屋里去看,如天花没有湿痕,则可通过。

设计/杨荷英

密度板镂空雕刻　　　乳胶漆

设计/胡狸设计

现代装饰画　　　金属壁纸

设计/寒泉设计

艺术玻璃　　　塑料管　乳胶漆

设计/寒泉设计

乳胶漆　　　饰面板

设计/梵石设计

文化石

乳胶漆

金属壁纸

密度板雕刻刷白漆背衬银镜

设计/胡狸设计

金茶镜

大理石

壁纸

设计/查裕高

文化石

米色壁纸

设计/寒泉设计

人造石

亚光釉面砖

设计/单玉石

木质角线

壁纸

釉面砖

设计/李秀玲

大理石

设计/杨荷英

板材上混油　　釉面砖　　仿古砖

设计/王建军

设计/罗 泽

饰面板　　　乳胶漆

设计/高仲元

乳胶漆　　　　　　　　灰色釉面亚光砖

❖ 实用又经济的瓷砖粘贴法

不同的瓷砖粘贴方法会带来不同的装修效果，根据居室情况合理选择粘贴方法，不但更容易得到满意的装修效果，还会减少部分装修材料的损失，从而节省装修开支。

◆ 干贴法

本法使用的是瓷砖粘贴剂（新型的铺装辅料），瓷砖无须预先浸水，基面也不能打湿，但需要铺装的基础条件较好，其黏着效果超过传统的水泥砂浆。

◆ 封边条、十字定位架

这些辅助材料的使用，使铺装中阴角、阳角的施工工艺得到很大的改进。不再需要将瓷砖进行45°切边，可大大节约工时减少破损，降低装修支出。

◆ 留缝铺装

仿古地砖受到很多人的喜爱，但由于釉面处理得凹凸不平，直边也做成腐蚀状，铺装时很难处理。如今，在铺装时留出必要的缝隙，然后用彩色水泥加以填充。这不但能使效果得到统一，还能显现凝重的历史感。

◆ 墙面铺装

采用45°斜铺与垂直铺装相结合的方法，能够使墙面由原来较为单调的几何线条变得丰富和有变化，从而增强空间的立体感和活跃气氛。

◆ 混合铺装

混合铺装是多种规格的组合。其特点是选择几何尺寸大小不同的多款瓷砖，按照一定的组合方式进行铺装。地砖由不同大小组合，再加上组合方式多，能够使地面的几何线条富有变化。

设计/刘 帅

碎花壁纸　　　　壁纸　　　　强化复合地板

设计/栾春阳

银镜　　　　　　壁布

木饰面板

釉面砖

设计/胭脂设计

壁纸

内藏发光灯带

设计/任 欢

镜面磨花　　银箔漆　　大理石

设计/姜 鑫

成品收藏架

密度板雕刻后上红色漆

设计/胡狸设计

茶镜

实木隔断外贴木饰面板

石材

设计/胡狸设计

金属质感壁纸

乳胶漆

设计/梵石设计

天然石材　　　　　　　　大理石　　　　　　乳胶漆　　　　饰面板刷混油　　　装饰画

釉面砖　　　　　　　　硅藻泥　　　　　　镜面　壁纸　　　玻璃卡纸装饰画

实木雕刻刷混油　　　　饰面板　　　　　　皮革软包造型　　　　　乳胶漆

壁纸　　　　　　　　　　　瓷砖

板材刷混油　　　　　　　　壁纸

壁纸　　　　　　　　　　　瓷砖

◆ 装饰灯具选购省钱窍门

　　首先要确定装修的整体风格，然后，根据居室的整体装修风格来选择灯具的造型、样式及颜色。

　　灯具的选购也是非常花精力的。在去购买之前，要充分做好"颈部预热动作"，转一转头部，要不然您买完灯回来一定会为脖子酸而叫苦连连。

　　先列出购买灯具的十个步骤：

　　（1）找一个卖灯比较集中的地方去买。最好选择灯具专业市场，因为款式集中，您可省时，省事，省力，而且价格也有可比性。

　　（2）先大体看一下，不要细看，如果看上去没有合适的马上走人。

　　（3）大体看上去有合适的话，进去后，第一件事找张有靠背的椅子坐下来，不忙着看，先别喝水；别傻乎乎站在那里面和店主或者服务员议论。

　　（4）看灯时，把身体顺着椅背靠后往前看就行了，尽量不看超过60°的位置。

　　（5）看到有合适的灯时，让店主打开来看看，除非您已经很喜欢了，否则先不要走到灯下面转来转去。

　　（6）看上一款灯后，再检视还有没有其他房间的灯具，先坐着把这些东西搞定再说。

　　（7）看上去都有了，再站起来去细心地选。

　　（8）千万不要逢灯就问价格，没意义。除非您已经看上了，让对方把您所要的通通报一个书面的价格。

　　（9）仔细地研究这份书面报价，不合适的话，就跟店主说，回去研究一下，然后去找另一家。

　　（10）如果觉得款式和价格都合适，才跟对方说：我想买这些灯，您给我报一个实在的价格。如果您认为价格还是不合适，就换一家。

饰面板　　　　　　　　　　肌理乳胶漆

条纹壁纸

石膏角线
乳胶漆

设计/寒泉设计

壁纸

砂岩浮雕墙

实木成品框线

设计/泉港华田装饰设计

设计/胭脂设计

设计/杨荷英

乳胶漆　仿古砖　　　　　　　　通体砖切割成条状　　　镜面　　　壁纸

设计/胡狸设计

小贴士

马桶如何固定在地上，用打螺丝么？

马桶的底座和管道的衔接处，里面和外面分别密封比较好，马桶用膨胀螺丝固定。底座和管道的衔接处的里面用马桶专用密封胶。外面用白水泥＋白胶调配的水泥浆。购买马桶的时候一般都配有专用密封胶的。

手绘墙　　　　　　　　涂料

设计/寒泉设计

涂料　　　　镜面玻璃

设计/周周

玻化砖　　　　　壁纸

设计/胭脂设计

石膏板　　　　　　　乳胶漆

设计/胭脂设计

皮纹砖　皮革硬包　　　　　　壁纸

设计/3C工作室

瓷砖　　　　　　实木雕刻刷混油

设计/姜 鑫

马赛克　壁纸　　　　　　定制成品木窗　手工油画

设计/鞠成巍

密度板电脑雕刻刷混油　　　　　　人造石

设计/刘 亮

实木上混油　　　　　　瓷砖

设计/唐 丹

饰面板包口　　　　　　壁纸

❖ 客厅省钱小策略

　　在客厅中立面设计主要在墙面上。由于现代户型的不同，客厅空间的墙面数量也不同，如经典三室二厅，客厅与餐厅相连的，客厅外带一个阳台的，就只有两面墙要装饰了，一面是电视背景墙，另一面是沙发背景墙。再加上顶棚和地面，一共是四个界面需要设计。这四个界面，最省钱的材料就是大白，其次是涂料、壁纸、装饰板。要想省钱，大白是不错的选择，颜色也比较保险，是大多数人都能接受的颜色，局部搭配一些带有图案的壁纸，或点缀一点小的装饰物、装饰画等，与白色形成色彩对比效果，营造出一个温馨、舒适的客厅氛围。

　　家具陈设方面包括，必要的沙发、电视柜、家用电器、植物等。板式家具比实木家具便宜许多，建议选择环保的板式家具。如现在流行的宜家家具，也是不错的选择，好多是一整套的家具，你可以一起搬回家，连设计都省了。在植物的选择上，绿萝是首选，吸收空气中的甲醛能力最强，最好饲养，价钱又便宜。一般小盆的吊篮15元一盆，大棵的落地盆150元左右。

　　根据整体定位档次不同，客厅的装修造价也是不同的。比如，装修一个欧式豪华的客厅和一个简约风格的客厅，整体造价肯定是不一样的。如果想省钱的话，现代简约风格应该是最省钱的。总体说来，造型设计少的要比造型设计复杂的等价低廉。

设计/栾春阳

石膏板　　文化石　　壁纸

设计/唐　锐

实木刷混油　　磨砂玻璃

设计/汪　桃

烤漆玻璃　　饰面板

设计/栾春阳

壁纸　　　　石材

设计/王建军

大理石　　黑色烤漆玻璃

烤漆玻璃

实木雕刻刷混油

设计/高仲元

实木雕刻刷混油

壁纸

设计/高仲元

布艺软包

石材

设计/姜　鑫

密度板电脑雕刻喷漆　　　　　　　　石膏板

小贴士

小小角阀不能省

　　角阀在装修中是不能省略的，安装角阀可以提前发现铜接头处有没有漏水，如果不安装，则只有最后安装龙头往铜接头上接管子的时候才能够检查当时安装的内接是否漏水，由于漏水总要加压一段时间才能够测试出来，最后安装内接和龙头的话比较不安全。

设计/雷久东

黑色烤漆玻璃　　石膏板

设计/姚　辉

实木复合地板　　　　　　　　　壁纸

设计/3C工作室

壁纸　　　　　　　　　　　　内嵌灯带　　磨砂玻璃内藏灯管　　　实木　　　　　　红砖

设计/查裕高　　　　　　　　　　　　　　　　　　　　　　　　　　设计/刘　杰

石膏板

装饰画

混纺地毯

设计/刘宝达

壁纸
石膏线
壁纸

设计/恒浩装饰

木纹石

实木雕刻上混油

设计/郝建

设计/尚道林

装修中不能不知的一些问题

密度板雕刻刷混油　　　　玻化砖

◆ 一些常见的偷工减料的方式

　　有过装修经历的朋友往往会被装修搞得焦头烂额。大家在装修时都知道要"货比三家"，那您是否知道为什么有时候价格会相差很大么？有朋友向我诉苦，说他的朋友出卖了他，把他的新家弄得不成样子。事实上，您请您所谓的朋友装修，您有50%的可能会失去一个朋友。因此请您慎重选择装修公司，尽量选择有信誉的装修队。

　　看完以下内容，您就会明白偷工减料是如何无处不在。

　　下面列出一些可能的偷工减料项目（本文采用的价格只是一个参考值，实际价格受品牌、地域、公司、供求关系、年度行情等诸多因素影响而会有较大的波动，特此说明。

　　◆ 杂项

　　（1）把垃圾丢在半路上而不是垃圾填充场。一车至少省50～100元。

设计/胡狸设计

壁纸　　实木地板

壁纸　　　　大理石　　　木饰面板

设计/华伟工作室

欧式铁艺灯　　壁纸　　实木复合地板

设计/刘　亮

特别是二手旧房装修时，拆除量可观，节省费用也很可观，10车就是1000元。

（2）把拆下来的垃圾填到洗手间的沉箱里面去。节省几百元（去买材料的路费、填充的材料费、材料搬运费、垃圾包装和搬运费垃圾费一块统统都省了）。但坑人的手法要快才能不让业主发现，而且沉箱的体积填不了多少垃圾（一般一个空间填不到2m²）。

◆ 瓦工

（1）买不合规格的、劣质水泥。每包可节省5~10元，约可节省100~200元。

（2）买不合规格的、劣质瓷砖。每块可节省0.5~1.0元或更多，这一项可以节省约900元。

（3）偷工。瓷砖水泥不实、内空，可省工钱150~250元。

（4）减料。沙加多点，水泥少加点，省材料费。

◆ 木工

（1）买不合格的、劣质木板。以一块9mm夹板为例，好的E1板约为80元每块，而国产的一些非环保板材仅为50元每块，差价有30元左右。以一个80m²的家居为例，用9mm板约为50块。单这一项可以节省约1500元。当然，家装不仅用9mm夹板，还有其他规格的板，还有很多节省的地方，再多节省1500元没问题。

（2）用劣质面板或在业主对材料不熟悉的情况下，在合同中模棱两可，浑水摸鱼。这一项约可节省成本400元。

（3）用劣质驳接构件。塑料件镀铬当不锈钢件，这个很多地方都可以，例如水龙头，地漏挂件之类的。能捞多少油水就看项目的多少了，可多可少。

（4）用假冒劣质木地板。以金香木假冒金象牙（均为俗名）每平方米去掉50元左右的差价的话。一个家庭按使用60m²计算，可节省3000元。复合木地板的话，好坏的价差跟前面相近。

（5）快速铺设地板。节省工钱约500元。

（6）去废品站买一个100~200元的旧门，刷上漆，报价1000元，四个门的话轻松赚3000元（难的是买四个一模一样的门，而且门的成色要新，一般纯平板门容易实现，造型门由于设计样式问题难实现）。我听说一个包工头给某地某局的办公室装了40多个这样的门，成本40x100=4000元

成品油画框　　　　木纹石

设计/巫小伟

内藏虚光灯带　　　清玻璃

设计/木　水

（未计运费和喷漆费），报价是40x1000=40000元。

◆ 油漆

（1）用假乳胶漆。可以节省1000元左右。这种办法有时候也采用偷龙转凤的手法，即用的是一种牌子的桶，实际上是装的另一种漆。进来流传的乳胶漆中毒事件就是由这种偷工减料造成的。

（2）减少遍数。节省更多，估计为500～1000元。

（3）用劣质清漆。节省400元左右。

◆ 金工

（1）用低规格、低含金量的材料，例如用不是很纯的铝合金窗或吊顶，或者用不锈铁假冒不锈钢。这项约可节省400元甚至更多，离谱一点可以达到2000元以上。

（2）少焊点，减少打磨。节省人工，这项约可省200元。

（3）塑钢里面没有钢衬。节省量可多可少，要看塑钢的项目量。

◆ 电工

（1）用劣质电线。可节省100～500元。

（2）不用保护管。可节省材料200元左右，节省人工200元左右。

◆ 木工油漆刷漆过程中的偷工减料

在家居装修中，木工油漆占很大的比例。以做衣柜为例来说：普通的一块大芯板内外贴饰面板的柜板，按常规施工，至少要刷三遍底漆，两遍面漆，而且正反两面都要刷，这样的话油漆的成本就会很高。但在施工过程中装修人员往往会减少工序，不按常规的三底两面施工，只刷两遍底漆一遍面漆或者干脆使用劣质不环保木器漆，这样的话就可以降低一倍左右的材料成本。不了解这些工艺，最终吃亏的可是业主自己。

设计/刘宝达

实木雕刻中式木格　　　　　　　饰面板

设计/姜　鑫

茶镜　　成品相框线

设计/汪　桃

壁纸　　　　　　　　　　实木复合地板

089

设计/刘 杰

石膏板　　　强化复合地板

设计/刘 亮

木饰面板　　　　　　　　壁纸

设计/刘 帅

壁布　　　　　　　　　茶镜

设计/孟 旭

大理石　　　中式装饰灯　　　实木框隔断

设计/孟 旭

茶镜　　　成品相框线　石膏板

设计/宋景磊

石膏板　　　银镜

设计/田来帅

地毯　　　　壁纸

设计/孟红光

壁纸　石膏板　　　　实木复合地板

设计/伍玉清

中式窗格　　壁纸

大理石　　　　皮革软包

设计/王　欢

实木镂空雕刻刷混油　　　　乳胶漆

壁纸

大理石

玻化砖

设计/姜 鑫

壁纸

釉面砖

设计/姜 鑫

镜面

实木雕刻刷混油

大理石

设计/孟红光

木纹石　　　　木饰面板

设计/田浩

◆ 小心进入自购材料的误区

有些业主宣扬自己如何自购材料，又如何划算。其实，这里面主要还是个信誉问题。其实据不完全统计，业主自己去购买材料，要多花不少钱。那么冤枉在哪呢？

◆ 买了高价货

对于商家而言，业主的购买量和次数有限，价格根本不可能有优惠。那么业主如何解决这个问题呢？有点帮助的做法是：尽量穿的不要太斯文；多逛几家商店，有问题也不要问；如果在逛商店的过程中您还有解决不了的问题，就继续逛。

◆ 买了劣质货

除非购买的东西属于您的专业范围，否则您有很大的机会遇到假货或劣质货。现在的劣质货可分为好多种：一种是本身就是劣质材料，如将含铝量低的铝合金当成含铝量正常的铝合金来卖；一种是代替材料，如买不锈钢把手时，售货员给您ABS（一种塑料）的，该把手表层混合有金属，外行看起来还真像是不锈钢的。

◆ 冤枉货

高价货是指同一样货品您用较高的价格去买，而冤枉货是本来可以买便宜的，您买了高价格的另一种货。例如在做一些不具有承重要求的柜子时有些地方可用大芯板，当然可以不用买价格高的细芯板。

乳胶漆　　　　化纤地毯　　　　玻化砖

设计/孟红光

木纹饰面板　　　　壁纸

设计/孟红光

大理石　　　　壁纸

设计/欧阳霞华

设计/查裕高

设计/姜 鑫

大理石　　　　　　　壁纸　　　　　皮纹砖　　　　　　　壁纸

设计/3C工作室

设计/鞠成巍

壁纸　　　　釉面砖　　　　中国画　玻化砖　　地毯

设计/3C工作室

设计/刘 杰

釉面砖　　　　毛皮地毯　　　漆艺屏风　　　实木板刷混油　　　　　壁纸

设计/刘 杰

石膏板　　　　釉面砖

小贴士

卧室区域适合选用实木复合地板

实木复合地板是天然暖色调，足感松软，比较舒适，天然纹理，质感优良。缺点是干缩湿胀，易变形、易虫蛀、易燃，不耐磨，花纹难配，保养复杂，天长日久易失去光泽。复合木地板非常耐磨、耐划、耐压，不易变形，清理方便，阻燃性强，抗静电，防虫蛀，安装简便、快捷。缺点是足感不十分舒适，弹性稍差。

设计/刘庆祥

车边银镜　　　　乳胶漆

设计/廉 旭

壁纸　　　　石膏角线

设计/孟红光

实木雕刻　　　　石材

设计/孟红光

木饰面板　　　　大理石

皮革硬包　　　　　　黑色烤漆玻璃

壁布　　工艺品

强化复合地板　　　　　　乳胶漆

◆ 装修顺序千万不能颠倒

　　不少装修公司在装修中工期总是一拖再拖，并非是工人干活磨蹭，而是自己施工安排混乱造成了不断返工，导致不必要的时间浪费。有时错误的施工顺序甚至会造成无法弥补的损失。

　　比如装修公司都知道"装修伊始，水电先行"，这话没错，但也有一个例外，就是橱柜。由于橱柜设计需与厨房中的整体设施相互配合，所以在厨房中进行水电改造前首先要请橱柜厂家的人上门测量，根据橱柜的款式与现场煤气、水电位置出一份完整的水电改造图，将厨房中难看的管道仪器巧妙地遮盖起来，同时对上下水和电路位置进行一次改造。否则自己忙活了半天，装修大半后才想起订橱柜，上门测量的人员却告诉原来的改动位置统统不合适，只能拆掉重来。

◆ 雨天刷漆质量难保证

　　接连几天的阴雨天让许多正在装修的人犯了难，雨季来临，雨后空气中的水分增加，有时室内空气湿度可能高达90%以上，这天能装修吗？目前，国家还没有相关规范明确规定，空气湿度超过哪个"标准"后不可以做装修，但可以肯定的是，夏季室内湿度太大，将会直接造成装修施工的质量隐患。

　　对于装修中木工活的涂装和墙面刷涂料及乳胶漆，无论是刷清或做混油时刷硝基漆，都尽量不要安排在下雨天。木制品表面在雨天时会凝聚一层水汽，水汽会包裹在漆膜里，使木制品表现浑浊不清。

　　雨天刷硝基漆，会导致色泽不均匀；而刷油漆，则会出现返白的现象。另外，虽然阴雨天对墙面刷乳胶漆的影响不太大，但也要注意适当延长第一遍刷完后墙体干燥的时间。一般来讲，正常间隔为2小时左右，雨天可根据天气状况更延长一些。在装修中许多工艺步骤都有一个"技术间歇时间"，如水泥需要24小时的凝固期，刮腻子每一遍要经过一段干燥期，每遍干透才能再刮一遍；涂装也需要每一遍干透再刷上第二遍、第三遍。所以，在阴雨天，这种技术间歇时间一般都要延长，必须耐心等待。

釉面砖　　　　　　乳胶漆　　　　　手绘屏风

设计/3C工作室

实木地板　成品木塑装饰板　　　　　壁纸

设计/3C工作室

陈设品　　釉面砖　　　　乳胶漆

设计/陈毛豪

壁纸　　　　　　　　　镜面

设计/孟红光

壁布　　　　　　　　木纹石

设计/鸟人

饰面板　　毛皮地毯

设计/王欢

壁布　　彩釉玻璃

乳胶漆

玻璃卡纸装饰画

人造石

设计/3C工作室

乳胶漆

免漆板

设计/唐　丹

石膏线

木纹石

地面大理石拼花

设计/郝　建

实木地板　　　　黑色烤漆玻璃　　　　壁纸

饰面板　　　　　　　　壁纸

石膏板　　镜面　　　　　强化复合地板

石膏板　　　　壁纸

皮质硬包

红砖　　　　　定制玻璃门　　　　乳胶漆

壁纸

玻化砖

设计/施传峰

车边银镜

皮革软包

玻化砖

设计/真志松

壁纸

手工油画

仿古砖

设计/王虎平

手工挂毯　　　石膏板吊顶　　　强化复合地板

设计/高仲元

❖ 禁忌壁纸贴满墙

有的业主很喜欢壁纸，于是买了很多，把屋里的四面墙全都贴了起来。结果，本来是高雅的壁纸，却变成了饭店里的小包房。

壁纸的粘贴忌讳满墙铺。这样会给你一种封闭感。尤其花色鲜艳，带有条纹状、格子图案的壁纸更要慎用。连续的格子重复排列，能使人产生头晕目眩的感觉。

常用的做法是在距离顶棚150~300mm的地方收一圈至两圈石膏线，然后在石膏线的下面开始粘贴壁纸。这样在视觉上显得室内举架高挑。白色的石膏线与彩色壁纸形成对比，室内空间显得明亮，色彩关系，疏密对比关系都比较舒服。

还有可以只选择一面墙粘贴壁纸，如卧室的的床头后背，作为一个背景图案，与床头形成一个完美的图底关系。若床头不是很高，可以在上方放一幅装饰画，屋内的优雅、温馨的气氛被渲染得美轮美奂。

在客厅里也常看到，在电视背景墙粘贴一块壁纸或在沙发背景墙上粘贴一块壁纸。但是电视背景墙沙发背景墙不能同时粘贴壁纸，避免空间显得杂乱，无主次。

壁纸　　　　　磨花玻璃

设计/刘　亮

❖ 禁忌冬季板材安装不留缝

在铺贴瓷砖时如果没有预留适当缝隙，会导致瓷砖受挤压产生开裂、空鼓或脱落的现象，这是因为瓷砖会有热胀冷缩现象，铺贴时应预留一些缝隙，并抹上填缝剂，这是一种有韧性的、强度较低的柔性产品，弥补了瓷砖热胀冷缩的膨胀系数，可在一定程度上避免空鼓、开裂。

石膏线拼花　　　　　磨花玻璃　　　　油画线框

设计/田来师

小贴士

小面积空间如何增容?

　　以物代墙。居室用砖墙(非承重墙)分隔是比较陈旧的做法,若以屏风、多宝柜甚至帷帘分隔,既优雅又宽绰。壁镜"造假"。有时房间面积不大,令人有促狭可以在墙上装一块覆盖整个墙面的玻璃镜。镜子营造出一个假象,让人觉得对面还有一个房间。当然,镜面颜色可以根据个人的爱好及居室照明情况而定。

设计/孟红光

木纹石　　　　密度板镂空雕刻

设计/郑超群

乳胶漆 木雕工艺品　　　中国画

设计/张 伟

马赛克　　　　乳胶漆

设计/温凡琦

肌理油画　　　虚光灯带　　　玻化砖

设计/刘 洋

玻化砖　　　壁纸　　　石膏板

壁纸　　　　　　　　　　　实木条刷混油

玻化砖　　石膏板

❖ 如何营造温馨的照片墙?

（1）挂画型。直接在沙发背景墙上面挂画时最常见的做法，一是投资少，二是快，三是易更换。但是相对于下面的几种设计手法，一般人们不认为挂画式的叫作"背景墙"。常用的挂画方式有：

A. 一幅式。一幅式的挂法一般是一个类似16:9的宽屏画框，可以是有框中国画、书法或者油画，或者无框装饰画。

B. 两幅式。两幅式的挂法一般是两个大小相当于600mm×600mm大小的装饰画（是墙面面积），大小一致，以沙发的中心为界，在沙发后对称布置。

C. 三幅分开式。三幅式的挂法一般是三个尺寸一样的装饰画，分开悬挂。

D. 多幅连挂式。多幅式的另一种挂法，就是把多幅画排列悬挂（一般是三幅），通常要求这多幅画是相互关联的，或者是同一内容的拓展。

E. 四幅组团式。四幅的做法，常见于类似于"器"的四个口一样的布置，画与画之间的距离20~120mm之间。如果四幅是可以拼成一个图案的，也可以紧密相连。

F. 无序挂式。这种情况下，主要是以生活照为主体的图片为主，排列是比较随意，但一般会有一定的规律。

（2）左右型。在沙发背景墙的左右两边做平面造型，中间是原墙面部分。大家一定会问，为什么电视背景墙有左右型，沙发背景墙也可以做左右型呢？这是因为左右型的左右突出部分，刚好是主沙发左右两边的转角处，这样突出的造型和沙发的缺口刚好配合，从而能够有良好的装饰效果。

（3）内凹型。和左右型差不多，也是利用了沙发左右两边有缺口的特点。三边或四边是突出的造型体，中间凹入。

（4）外凹型。这种和内凹相比，可能沙发左右两边后面存在空隙，一般适用于沙发侧面茶几较大的情况。

壁布硬包　　　　　　茶镜　　　　　　木纹石

艺术玻璃柱　　　　　车边银镜

103

（5）多层型。多层型是在外面一层窄的圈围，里面是一面大的平面造型。多层型的沙发背景墙，由于从它的平面上面看，还是差不多是平的，不影响摆放沙发，所以它是另外一种重要的设计手法。这种造型，能够显示"一定程度的复杂设计"来体现"豪华"或者"稳重"的效果。

（6）平面型。沙发背景墙的平面型，跟电视背景墙的平面型一样。是先做一个平面的造型出来，造型可以直接刷乳胶漆或者在这基础上面用木线或者其他装饰材料进行装饰。平面型的，还可以在造型上面再挂画装饰。

有读者会问：做一个平面的造型出来再挂画，和直接在原墙面挂画有什么区别呢？其实区别是挺大的。在墙面突出一个100mm厚的平面造型后再挂画，虽然占用了一定的地面面积，但是它带来了无可比拟的"立体感"，让人感觉到它是"人工做出来的装饰"。是的，人工做出来的装饰，才能叫"装饰"。如果原建筑有一个漂亮的装饰造型，家家都有的，没人会认为它是一个"装饰"。

（7）墙饰型。墙饰型的沙发背景墙，直接在原墙面上面贴墙纸或者绘画，整幅墙面纯装饰而没有重点，配上沙发后，显得优雅大方、平和的气势。

（8）隔墙型。就是把沙发后面的分隔墙拆除，然后换成玻璃、木格之类的装饰墙面。目的也是为了体现"立体感"或者"通透感"。当然，如果沙发后面是承重墙或者是分户隔墙的话，那是肯定不能做这种造型的。

（9）艺术型。在墙面上面做立体的艺术造型，来体现一种装饰效果。艺术型的沙发背景墙与艺术型的电视背景墙做法基本一样，但是和其他的造型不同，如果同时将电视和沙发背景墙做技术型的话，那么他们的造型必须是"性质一样"和"不同样式"的，里面的微妙关系很难处理得好。

（10）构造型。构造型的沙发背景墙是利用立体构成的原理，对墙面进行切割和组合处理。但是由于沙发的体积较大，这个构造型在设计中有所限制，那就是不能影响沙发的摆放，或者说，你不能让沙发后面存在很大的空缺。

（11）饰物型。就是在沙发背景墙上挂一些突出的装饰物，例如少数民族的雕刻及方向舵，鹿角之类的工艺品。

沙发背景墙的制作与电视背景墙相比，沙发占用的体积大，放了沙发后，下部大部分都被沙发挡掉了，同时虽然被沙发占了下部，但是由于中部少了电视机这个元素，所以背景墙设计的弹性反而大了，可以有很多不同的思路。

沙发背景墙的分类和电视背景墙的分类同名的，可以参考其装饰样式。

◆沙发背景墙的平面形态主要分为如下4种

（1）平面型。就是平面上来说没有倾向性。

（2）对称型。造型左右两边是对称的。

（3）不对称型。造型的左右两边不对称。沙发背景墙设计成不对称型难度比较大，因为要考虑和电视背景墙的呼应关系，很棘手。

（4）单边型。只有一边有造型，另一边没有。一般来说，极少有人设计单边的，如果是单边型设计，那么沙发也不会放到单边的范围内。单边型常见于沙发一边有突出的柱子，而又不想在另一边设计造型时采用。

设计/郑钊杰

壁布　　　　　　　　油画框线　　车边银镜

设计/周朝辉

金属饰面板　木纹石

设计/周朝辉

车边银镜　　　　金箔　　　　　　　　欧式石膏挂件

亚克力板雕刻

大理石

设计/杨荷英

手绘墙画

强化复合地板

设计/杨荷英

设计/莫水明

设计/李芝强

大理石柱头　　壁纸　　大理石　　　　彩釉玻璃　　皮革硬包

马赛克　　　　　镜面磨花　　　　　彩釉玻璃

❖ 过多使用大芯板导致甲醛超标

大芯板，即细木工板，是以天然木条黏合成芯，两面粘上很薄的单板粘压而成，装修行内俗称"大芯板"，是装修中最主要的材料之一，也是使用最广泛的装修材料。然而，在装修中过多使用大芯板家具会造成室内环境中甲醛超标。室内环境检测证明，各种人造板是室内环境甲醛的主要来源。

大芯板根据其主要的有害物质甲醛限量分为E1级和E2级，在家庭装修中只能使用E1级的大芯板，E2极的大芯板即使是合格产品，其甲醛含量也要超过E1级大芯板3倍多。因此，家庭装修时一定不能用E2级大芯板；同时，E1大芯板如果用量过大也会造成甲醛累积超标。

由于大芯板在制作过程中，添加了带有甲醛、苯等害物质的胶粘剂，应控制使用范围，在制作加工过程中，应该对边角、断面进行封闭处理，如果经济条件允许，尽量使用环保型木芯板。一般地面积在100m²左右的家庭，使用大芯板尽量控制在10张左右，要注意室内空间的承载量，一定不要超过20张。

木纹石　　　　　　　　实木雕刻中式窗格

工艺品　　　　　大理石

砂岩墙　　　　　镜面磨花　　　　　大理石

大理石　　　　　压花玻璃　　　　　木饰面板

闫忠迅 001	张 健 002	鲁 勇 003	寒泉设计 004	马 壮 005	张 健 006	华伟工作室 007	寒泉设计 008	周 周 009	姜忠敬 010
刘晓阳 011	刘晓阳 012	刘晓阳 013	刘晓阳 014	刘晓阳 015	刘晓阳 016	刘晓阳 017	刘晓阳 018	刘晓阳 019	姜忠敬 020
刘晓阳 021	曲俊名 022	曲俊名 023	曲俊名 024	曲俊名 025	曲俊名 026	曲俊名 027	曲俊名 028	刘晓阳 029	刘晓阳 030
尚 丹 031	姜忠敬 032	姜忠敬 033	张 健 034	姜忠敬 035	辛宪超 036	姜忠敬 037	姜忠敬 038	尚 丹 039	尚 丹 040
尚 丹 041	吴 飞 042	魏晓帅 043	戴文强 044	刘晓阳 045	王瑞吉 046	张海峰 047	姜忠敬 048	姜忠敬 049	张富强 050
沈阳艾尚装饰 051	李晓乐 052	沈阳艾尚装饰 053	周 周 054	周 周 055	姜忠敬 056	姜忠敬 057	尚 丹 058	尚 丹 059	尚 丹 060
尚 丹 061	张富强 062	廖述煜 063	管月亮 064	管月亮 065	沈阳艾尚装饰 066	吴 飞 067	吴 飞 068	沈阳艾尚装饰 069	梵石设计 070
戴文强 071	郑国庆 072	张富强 073	郑国庆 074	郑国庆 075	郑国庆 076	郑国庆 077	曲俊名 078	郑国庆 079	泉港华田 080
胡狸设计 081	胡狸设计 082	郑国庆 083	郑国庆 084	郑国庆 085	郑国庆 086	郑国庆 087	郑国庆 088	郑国庆 089	郑国庆 090
郑国庆 091	郑国庆 092	梵石设计 093	吴 飞 094	吴 飞 095	刘晓阳 096	郑国庆 097	郑国庆 098	郑国庆 099	吴 飞 100
郑国庆 101	吴 飞 102	吴 飞 103	吴 飞 104	吴 飞 105	郑国庆 106	郑国庆 107	郑国庆 108	郑国庆 109	吴 飞 110
吴 飞 111	尚 丹 112	郑国庆 113	沈阳艾尚装饰 114	戴文强 115	沈阳艾尚装饰 116	张 健 117	华伟工作室 118	尚 丹 119	寒泉设计 120

附赠光盘图片索引 (121~240)

刘　云 121　刘　云 122　CC 设计 123　高　明 124　高　明 125　高　明 126　高　明 127　古铭辉 128　古铭辉 129　古铭辉 130

古铭辉 131　桂文彬 132　桂文彬 133　桂文彬 134　桂文彬 135　桂文彬 136　桂文彬 137　桂文彬 138　桂文彬 139　桂文彬 140

桂文彬 141　桂文彬 142　桂文彬 143　桂文彬 144　桂文彬 145　桂文彬 146　胡玉婷 147　刘玉河 148　潘拔勇 149　邵士杰 150

邵士杰 151　邵士杰 152　邵士杰 153　孙志生 154　邵士杰 155　邵士杰 156　邵士杰 157　佟鹏飞 158　谢小龙 159　谢小龙 160

冯文强 161　冯文强 162　冯文强 163　DESIGN 事务所 164　黄　岩 165　杨慧光 166　周小亮 167　王　进 168　王　进 169　王　进 170

王　进 171　王　进 172　谢小龙 173　谢小龙 174　谢小龙 175　谢小龙 176　谢小龙 177　谢小龙 178　谢小龙 179　谢小龙 180

谢小龙 181　谢小龙 182　谢小龙 183　谢小龙 184　谢小龙 185　谢小龙 186　谢小龙 187　谢小龙 188　谢小龙 189　谢小龙 190

谢小龙 191　谢小龙 192　谢小龙 193　高　明 194　高　明 195　高　明 196　高　明 197　高　明 198　高　明 199　高　明 200

高　明 201　高　明 202　刘后军 203　刘后军 204　武汉梵石 205　武汉梵石 206　武汉梵石 207　武汉梵石 208　武汉梵石 209　武汉梵石 210

武汉梵石 211　武汉梵石 212　武汉梵石 213　武汉梵石 214　武汉梵石 215　武汉梵石 216　武汉梵石 217　武汉梵石 218　武汉梵石 219　武汉梵石 220

武汉梵石 221　武汉梵石 222　武汉梵石 223　龚　军 224　龚　军 225　龚　军 226　欧建书 227　李向明 228　李向明 229　李向明 230

李向明 231　李向明 232　李向明 233　李向明 234　李向明 235　李向明 236　李向明 237　李向明 238　李向明 239　李向明 240

陈东升 241　　陈　东 242　　城市之家 243　　城市之家 244　　城市之家 245　　城市之家 246　　城市之家 247　　高智龙 248　　高智龙 249　　高智龙 250

高智龙 251　　高智龙 252　　李秀玲 253　　导火牛 254　　导火牛 255　　导火牛 256　　导火牛 257　　导火牛 258　　导火牛 259　　逸品原宿设计 260

逸品原宿设计 261　　由伟壮 262　　安晓冬 263　　安晓冬 264　　安晓冬 265　　安晓冬 266　　郭长周 267　　恒浩装饰 268　　恒浩装饰 269　　恒浩装饰 270

李润明 271　　李润明 272　　刘　洋 273　　刘耀成 274　　刘耀成 275　　刘耀成 276　　刘耀成 277　　刘耀成 278　　石　岩 279　　汪　桃 280

汪　桃 281　　汪　桃 282　　王　欢 283　　王建军 284　　王建军 285　　王永祥 286　　杨　军 287　　曾成毕 288　　曾成毕 289　　张　伟 290

安晓东 291　　石　岩 292　　安晓东 293　　余顺第 294　　余顺第 295　　原新华 296　　原新华 297　　原新华 298　　原新华 299　　原新华 300

原新华 301　　原新华 302　　原新华 303　　原新华 304　　原新华 305　　张　翔 306　　张　翔 307　　张英俊 308　　张英俊 309　　张英俊 310

张英俊 311　　张英俊 312　　张英俊 313　　张英俊 314　　张英俊 315　　张志强 316　　张志强 317　　顾　维 318　　老　鬼 319　　老　鬼 320

刘　勇 321　　杜先帅 322　　杜先帅 323　　石永亮 324　　曹久东 325　　曹久东 326　　杨　军 327　　程奇山 328　　曹　晶 329　　曹　晶 330

陈　帅 331　　陈　帅 332　　陈　帅 333　　陈　帅 334　　城市之家 335　　杜国良 336　　杜国良 337　　杜国良 338　　九创装饰 339　　九创装饰 340

九创装饰 341　　黎　俊 342　　黎　俊 343　　刘　杰 344　　梁　金 345　　梁　金 346　　梁　金 347　　梁　金 348　　梁　金 349　　梁　金 350

梁　金 351　　梁　金 352　　刘　杰 353　　刘　杰 354　　刘　杰 355　　刘　杰 356　　刘　杰 357　　刘　杰 358　　刘　杰 359　　刘　杰 360

鸣谢

中国当代最具潜力的室内设计师 （以下排名不分先后）

侯宇波
实创装饰设计师
设计理念：用真诚而富有创意的设计来打动你

张志强
彩虹时尚设计机构创始人
（3DMax）独立VR表现师（魔法视界）

王建军
察布铭，生活赋予我灵感，致城予空间生命

曹成成
2007—2009年在兰州泰斯设计装饰有限责任公司，室内设计师
2009—2010年在北京安之峰兰州分公司，室内装饰设计师

伍玉清
穿云空间设计事务所
设计专长：酒店、会所、家居
设计理念：从布局出发考虑，以功能为前提，以美观创意为主题去作设计

辛现鹏
上海煜华装饰工程有限公司西安分公司
设计理念：时尚潮流来来去去，只有风格和品位永存
成山流水别墅区设计/中海铂宫复式楼设计

安晓冬
设计理念：设计源于生活——用个性化的生活方式创造无限的空间
设计风格：现代风格、欧式风格、中式风格
代表作品：轩宪小区、石盘国际、二十世纪新城、左岸春城、东柏集团、东风佳苑等
参与项目：酒店、KTV、餐厅、公寓、样板间等

贵州元度家居汇3C工作室
设计专长：室内设计、酒店、写字楼、娱乐会所
获奖荣誉：北京亚运陶物中心贵州馆最佳环境设计奖

木子仁
木子仁装饰设计有限公司（设计总监）
深圳市文众装饰御景工程有限公司主任设计师
深圳室内设计协会会员
中国建筑学会室内设计分会会员

刘亮
设计理念：以人为本，从设计细节反映客户的个性，从而开创更大的生活空间
擅长风格：欧式现代、中式现代、新古典主义、田园风格、简约风格

程齐山
公司：乌鲁木齐业之峰装饰有限公司主任设计师
设计理念：品位源于生活，高于生活

巫小伟
中国建筑装饰协会会员/国家注册高级室内建筑师国家注册高级住宅室内设计师/中国杰出青年设计师称号/CCTV交换空间设计师/搜狐名人堂纲聚室内设计师称号/搜狐年度人气设计师微博称号/连续4年被搜狐度瘦瘦博评为全国十大公路明星设计师

王欢
设计专长：别墅商业会馆等
室内高级设计师

温凡琦
设计理念：简约的设计，创造出最适合人生活的空间

姜燕
设计理念：品味生活，绽放魅力，通过设计手段将空间的内在价值设计道路任重而道远，感谢与个注重细节，让我可以在设计路上走得更远的客户

郑超群
公司：北京实创装饰集团
获奖荣誉：2008北京威能杯中国室内设计、北京2009年美化家居风杯优秀奖、北京2010年美化家居杯优秀奖、首届北京建筑装饰优秀奖、首届北京建筑装饰设计百名优秀设计师
设计独白：同一种空间不同的处理，处处有精彩

单玉石
公司：黑龙江省大庆市策略装饰设计责任设计师
设计理念：真实——寻着寻美的家居、原始——精致生活真谛、记录——走过过的美丽，追逐——恒久价值的高度

高仲元
公司：厦门市名德世纪设计顾问有限公司
资质：中国建筑装饰设计师
设计专长：别墅、会所

张伟
玻璃建筑室内设计师，长期从事住宅、商业空间设计，风格以简约为主
设计贵州省的纳假食品品装饰公司、贵州省纳彦喜不凡装饰公司设计总监

鞠成巍
不局限于某一种风格，也不束缚于某一种形式，把原有的思维打碎，重组、整合理念，玻璃硬体装饰与软体装饰的和谐统一
代表作品：蔺河国际复式、皇家帝苑样板间等

伍玉清
公司：穿云空间设计事务所
设计专长：酒店、会所、家居
设计理念：从布局出发考虑，以功能为前提，以美观创意为主题去作设计

田浩
硕士、高级室内建筑师、首席设计师
IB国际室内设计师联盟会员，中国建筑学会室内设计分会理事（四川）专业委员会副主任、会员、成都装饰协会理事、铜金会长

张峰
山西尚格室内设计工作室
设计专长：别墅豪宅、星级酒店、办公空间等等

陈丽嫒
2008年毕业于福建师范大学美术学院内设计专业
主要从事以装饰设计：办公医疗/SPA会所/酒店餐饮/商业空间厨卫部/样板房

孟红光
品味设计师
设计专长：别墅设计、酒店设计、娱乐设计
设计理念：感悟生活，品味生活，创新设计

夏劲松
武汉赞石艺术设计有限公司设计总监
从事整体设计及施工15年，有着丰富的执着的设计及热爱，倡导"设计创造价值"
设计理念：让艺术演绎生活

欧阳蕴华
亚太Ant Tribe蚁巢设计顾问有限公司创始人/名誉董事/总设计师，亚太名企会会执行管理，香港设计师协会名誉院设计师；中国设计师协会高级设计师，国家注册高级设计师，美博集团设计师顾问世界500强集团院内设计师，国际/集团委员设计师，08年创办SMZ设计机构；亚太（深圳）A42高级设计师

刘洋
设计理念：简约实用的家居设计理念，注重细微点睛、倡导新装饰主义风格擅长风格：后现代风格、新古典欧式、美式田园、新古典中式

刘朝阳
公司：易尚设计有限公司
设计专长：别墅、复式、跃层

汪桃
公司：云南例艺集团装饰工程集团贵州有限公司
代表作品：贵州燃气集团设计办公室设计及施工、贵阳市肖楼盘、金世世纪城、花溪溶洞开发、大兴居城、中天花园、金阳碧海龙挖嘴优秀楼盘

姚辉
公司：广东居艺装饰湛州有限公司
设计风格：现代装饰设计公司任金牌主任设计师
设计专长：欧式、现代
设计理念：亲近生活，感受生活，才能让设计与生活融为一体
获奖荣誉：2010数码装饰设计大赛一等奖代表作品：中天托斯卡纳27-1别墅

刘宝达
工作经历：2007年从事室内设计，北京东方家设计中心任设计师，2003—2006年北京宝光英豪装饰设计公司任金牌主任设计师/BD2设计组组长。2008年10月福州成立个人设计工作室室心。作品《地中海风情》网络人气、2004北京年度设计院设计大赛建坛网络、2004年环保组织环保室内设计师称号证书编号:编号J04350

刘庆祥
设计理念：设计来源生活，又达变生活，最新的梦想来源于最初的憧憬加上最初的灵感碰撞

唐丹
设计理念：一切随心，用心去感语空间，将设计放到了人性，将亲情带入情间目在的情境

唐锐
哈尔滨职业技术学院讲师
设计理念：我擅长素描，但没设计没国界，采众家之长，集众多精粹于一——设计无国界，是我钟爱的设计语言
获奖荣誉，全国高校美术大赛作品一等奖

雷久东
公司：北京紫名都装饰
设计专长：室内设计

恒浩装饰 张洁
公司：恒浩装饰
资质：双乙级
设计专长：现代简约、简欧、地中海
设计理念：设计的基础是人文设计，对建筑结构框架有合理化的市局及改造，注重色彩的搭配和居室所要表达的地域室层住者的理念

恒浩装饰 刘涛
公司：恒浩装饰
资质：双乙级
设计专长：简约古典、中式复古、后现代
设计理念：美的品位、快乐的心情是我设计出完美的作品，成功的作品或能提升主人的名誉位，还能孕托幸福的家庭

恒浩装饰 李红
公司：恒浩装饰
资质：双乙级
设计专长：简欧风格、新中式风格、田园风格、地中海风格
设计理念：设计源于生活源于生活，高简的设计语言能够检验出不简单的生活理念

木水
福建雅利达建筑装饰设计师术大分院院长兼香港艺臬环球艺术设计中心当席设计师设计专长、家居设计、娱乐空间、办公空间

孟旭
工作时间2006年至今，沈阳建筑大学毕业代表作品：锦州市古塔区清阳路3段36-105号（聚荟酒店古瑞）海思装饰

宋景磊
毕业院校，南京艺术学院
设计独语：设计是一个需要说被的过程，就像岩石的形成需要一层一层的挖掘

田来帅
作品范围：高档家具、餐饮酒吧、酒店会所、娱乐会所、量贩式KTV、高档洗浴等

廉旭
擅长风格：现代奢华，简约时尚，欧式风格，简约混搭，新中式
关联楼盘例：建筑您洲，金水花城，水木清华，长安10号，第五大道，润达新城，保利明珠

王虎平
设计风格：新中式、新中式，美式乡村风格
设计理念：个人对中国古典美格文化秉承，中有中古古美文化艺术的弘融入现代家庭生活，再与多个设计师的领悟及地域差异，将同不同的民俗风情、不同的色彩、字画、条案、民俗挂画，结合不同的特定风格建筑，把现代都市生活的人们滑解用出最自然享受中

侯予玄
广州华业饰园品味装饰
设计专长：别墅、住宅
设计理念：以人为本，创造功能合理、舒适、满足人们物质和精神生活需求的室内空间

鸟人
鸟人设计，采用中与西、古典与绿代与豪华之融合，创出自我风格，突出空间的实体感，注重材料、规格独特气氛及神韵的表现格调，充情强度于设计理念。设计主题创造多样化，或简约、或时尚、或豪华，或古典豪华，或沉稳庄重的色彩，或古典豪华，或简单了中西设计手法等，创造别创奥文就的出彩效果

李乐华
缘骨设计工作室的缔人
家居设计是一种游戏美的方式，是一种艺术表现方式，设计不但是自我的表现，更重要的是体现一种生活态度，一种心境，一个家，一个好的作品应通通过空间及功能经得合理化

施传峰
中国建筑学会室内设计分会会员证号：01623
中国建筑装饰协会福州第八专业委员会委员
2011年金堂奖年度十佳别墅设计
2011年金堂奖年度优秀休闲空间设计

真志松
福州私家空间设计事务所（创始人）
CIDA中国院的注册设计师
设计理念：设计源于生活，设计让您懂得如何享受生活

梁宏磊
中国建筑协会室内设计分会会员
曾任北京朝景装饰集团主任设计师
北京联美装饰工程有限公司首席设计师
2010年至今联欧流扮林装饰工程有限公司主任设计师

刘鑫
麦内设计师
设计风格：现代简约、日式、别墅